U0239309

"十三五"国家重点图书出版规划项目

中国河口海湾水生生物资源与环境出版工程

庄 平 主编

胶州湾渔业资源与栖息环境

任一平 徐宾铎 纪毓鹏 等 编著

中国农业出版社

北 京

图书在版编目（CIP）数据

胶州湾渔业资源与栖息环境/任一平等编著．—北京：中国农业出版社，2018.12
中国河口海湾水生生物资源与环境出版工程/庄平主编
ISBN 978-7-109-24525-9

Ⅰ.①胶…　Ⅱ.①任…　Ⅲ.①黄海—海湾—水产资源—栖息环境　Ⅳ.①S93

中国版本图书馆CIP数据核字（2018）第197996号

中国农业出版社出版
（北京市朝阳区麦子店街18号楼）
（邮政编码 100125）
策划编辑　郑　珂　黄向阳
责任编辑　林珠英　王金环

北京通州皇家印刷厂印刷　　新华书店北京发行所发行
2018年12月第1版　　2018年12月北京第1次印刷

开本：787mm×1092mm　1/16　　印张：12
字数：240千字
定价：92.00元

内容简介

本书较为系统地研究和总结了胶州湾渔业资源与栖息环境。全书共7章，分别阐述了胶州湾概况、海洋水文环境、海洋化学环境、海洋生物环境、渔业生物资源群落结构、渔业生物资源数量分布与渔业生物学特征，以及渔业资源养护与可持续利用等内容。本书可供海洋生物资源与环境、海洋生态学、生物资源保护与生态修复等专业领域的高校师生、科研人员以及有关管理人员参考。

丛书编委会

本书编写人员

任一平　徐宾铎　纪毓鹏　薛　莹　张崇良

韩东燕　隋昊志　王　晶　李　敏　刘　潇

刘晓慧　刘　健　许莉莉　都　煜　肖欢欢

沃　佳　张　芮　秦　雪

丛书序

中国大陆海岸线长度居世界前列，约18 000 km，其间分布着众多具全球代表性的河口和海湾。河口和海湾蕴藏丰富的资源，地理位置优越，自然环境独特，是联系陆地和海洋的纽带，是地球生态系统的重要组成部分，在维系全球生态平衡和调节气候变化中有不可替代的作用。河口海湾也是人们认识海洋、利用海洋、保护海洋和管理海洋的前沿，是当今关注和研究的热点。

以河口海湾为核心构成的海岸带是我国重要的生态屏障，广袤的滩涂湿地生态系统既承担了“地球之肾”的角色，分解和转化了由陆地转移来的巨量污染物质，也起到了“缓冲器”的作用，抵御和消减了台风等自然灾害对内陆的影响。河口海湾还是我们建设海洋强国的前哨和起点，古代海上丝绸之路的重要节点均位于河口海湾，这里同样也是当今建设“21世纪海上丝绸之路”的战略要地。加强对河口海湾区域的研究是落实党中央提出的生态文明建设、海洋强国战略和实现中华民族伟大复兴的重要行动。

最近20多年是我国社会经济空前高速发展的时期，河口海湾的生物资源和生态环境发生了巨大的变化，亟待深入研究河口海湾生物资源与生态环境的现状，摸清家底，制定可持续发展对策。庄平研究员任主编的“中国河口海湾水生生物资源与环境出版工程”经过多年酝酿和专家论证，被遴选列入国家新闻出版广电总局“十三五”国家重点图书出版规划，并且获得国家出版基金资助，是我国河口海湾生物资源和生态环境研究进展的最新展示。

该出版工程组织了全国20余家大专院校和科研机构的一批长期从事河口海湾生物资源和生态环境研究的专家学者，编撰专著28部，系统总结了我国最近20多年来在河口海湾生物资源和生态环境领域的最新研究成果。北起辽河口，南至珠江口，选取了代表性强、生态价值高、对社会经济发展意义重大的10余个典型河口和海湾，论述了这些水域水生生物资源和生态环境的现状和面临的问题，总结了资源养护和环境修复的技术进展，提出了今后的发展方向。这些著作填补了河口海湾研究基础数据资料的一些空白，丰富了科学知识，促进了文化传承，将为科技工作者提供参考资料，为政府部门提供决策依据，为广大读者提供科普知识，具有学术和实用双重价值。

中国工程院院士 唐启升

2018年12月

前　言

海湾生态系统作为海洋生物多样性保护研究的重要区域，近年来已引起国内外生态学界的高度重视。胶州湾及其邻近海域自古以来就是各种经济鱼类和虾类的产卵、肥育场所，是多种鱼类、甲壳类和头足类等渔业生物繁衍生息的场所；生物资源种类众多，季节更替明显，资源结构具有多种类特征。由于受到人类活动、环境污染和全球变化等多重压力的影响，胶州湾渔业资源及其栖息地已经受到较为严重的损害，如褐牙鲆、中国明对虾等一些传统经济种类资源严重衰退，渔业资源种类以小型、低质种类为主。

为全面了解胶州湾海域渔业生物资源及其栖息地现状，查明该海域理化环境、生态环境、渔业资源现状及其变化，本书编写组根据2008—2009年、2011年和2015年在胶州湾海域获取的渔业资源与环境调查数据，并结合历史资料，较为系统地阐述了胶州湾海域渔业生物资源与环境状况，以期为胶州湾及其邻近海域渔业资源修复与养护以及栖息地保护提供决策依据。

全书共分七章：第一章为胶州湾概况，第二章为海洋水文环境，第三章为海洋化学环境，第四章为海洋生物环境，第五章为渔业生物资源群落结构，第六章为渔业生物资源数量分布与渔业生物学特征，第七章为渔业资源养护与可持续利用。

本书主要由任一平、徐宾铎和纪毓鹏等编著。任一平负责第二章、第三章、第四章；徐宾铎负责第五章、第六章；纪毓鹏负责第一章、第七章。参加本书资料整理、撰写工作的还包括以下人员：薛莹、张崇良、韩东燕、李敏、刘健、王晶、刘晓慧、刘潇、秦雪、许莉莉、隋昊志、肖欢欢、张芮、都煜和沃佳。全书由徐宾铎统稿，任一平审校、定稿。

书中引用了国内外诸多学者已发表的研究成果或图、表等资料，在此表示诚挚的谢意！

由于水平所限，书中难免有遗漏和错误之处，敬请广大读者不吝赐教，提出宝贵意见和建议。

编著者

2018年10月

目　录

第一章
胶州湾概况

第一节　地理区位与自然环境

一、自然地理条件

（一）地理概况

胶州湾位于35°18′N—35°38′N、120°04′E—120°23′E，在山东半岛南岸的西部，濒临南黄海西部，是一个略呈扇形的中型半封闭浅海湾（刘瑞玉，1992）。胶州湾东部为崂山山脉，西北部和北部为平原，西南部和南部为小珠山、大珠山山系。胶州湾南北长约33 km、东西宽约28 km，总面积为388.1 km^2，其中，潮间带滩涂为85.2 km^2，胶州湾5 m等深线以浅的海域面积为256.7 km^2，10 m等深线以浅的面积为307.3 km^2（胶州湾及邻近海岸带功能区划联席会议，1996；李乃胜 等，2006）。胶州湾平均水深7 m，深水区域范围狭小，以海湾入口北部的团岛角附近水域最深，达70 m（刘瑞玉，1992）。胶州湾两岬角之间的湾口较狭窄，宽度仅约3.14 km，朝东南与黄海相通。胶州湾湾口外沿岸海域水深较浅，为20～30 m。自然形成的这一海槛，使湾外黄海深水底栖动物区系难以进入胶州湾内（刘瑞玉，1992；王文海 等，1993）。

（二）地理地貌

胶州湾所处大地构造位置，为新华夏隆起带次级构造单元——胶南隆起区的东北缘和胶莱凹陷区的中南部（李乃胜等，2006）。胶州湾畔的青岛市区整个坐落于崂山的花岗岩之上。胶州湾一带的构造以断裂构造为主。胶州湾周边主要有：侵蚀剥蚀丘陵，主要分布在红石崖-红岛岸线东南一侧山地周围，高程为5～200 m；侵蚀剥蚀平台，主要分布在胶州湾西南、西北和红岛地区，高程为10～50 m；侵蚀剥蚀准平原，主要分布在河套及上马以北地区；冲积平原，主要分布在白沙河口至城阳以东地区（王文海 等，1993）。

（三）海岸类型

胶州湾周边有海泊河、李村河、墨水河、板桥坊河和大沽河等入海河流。胶州湾东部受崂山山脉的影响，呈北东向分布，山势东高西低，丘陵环绕于低山周围；西部以胶莱河、大沽河为主，形成胶莱平原；湾北部为即墨盆地。因此，胶州湾海岸主要为基岩港湾类型，另有沙质、粉沙淤泥质平原海岸和充填型河口湾海岸，基岩港湾海岸岸线曲折，岬湾相间海蚀地貌发育（李善为，1983）。湾口附近为基岩海岸，缺少平滩。在湾内，岸区滩涂平坦宽阔，

沙滩广泛分布。胶州湾北部主要以淤泥质海岸为主，潮滩宽阔。西岸红石崖至辛岛东，基本上属沙质海岸，海岸相对稳定。大石头-红石崖一线主要为侵蚀沙质海岸，其中，大石头-法家园为典型的沙质海岸，法家园-红石崖为沙砾质海岸，侵蚀最严重部分为大窑以东的海岸（马妍妍，2006）。淤涨型粉沙淤泥质海岸主要分布在红石崖-红岛的宿流一线以西，因大沽河、南胶莱河和洋河等河流入海带入大量泥沙，潮滩发育，现多为盐田和虾池等人工海岸。海湾东岸为青岛市区，海湾北岸为红岛，西南岸为黄岛和薛家岛。其突出部分，由于基本上是基岩海岸，沉积物明显分带，大部分为稳定海岸，局部为侵蚀后退海岸。团岛至娄山后海岸被港口、工厂、环胶州湾高速公路占据，为人工改造型海岸（尚杰，2005）。

（四）海底地形

胶州湾内绝大部分为水深不超过 10 m 的水下浅滩，海底地形缓慢倾斜（海相层逐渐变厚，达 10 m），湾口为大的冲刷槽，向湾内伸展为 3 支较小的冲刷槽。东支为沧口水道，在青岛大港区和小港区西侧，为进出海港的主要航道；中支向北和西北延伸，为中央水道；西支为前礁水道。沧口水道与中央水道间，有一南北向大型潮流沙脊，将胶州湾分为东、西两部分。胶州湾西部的黄岛附近水域，多小型潮流沙脊和水下暗礁，如中沙礁、安湖石等，西北部和北部为极浅区（刘瑞玉，1992）。胶州湾地理位置和水深状况如图 1-1 所示。

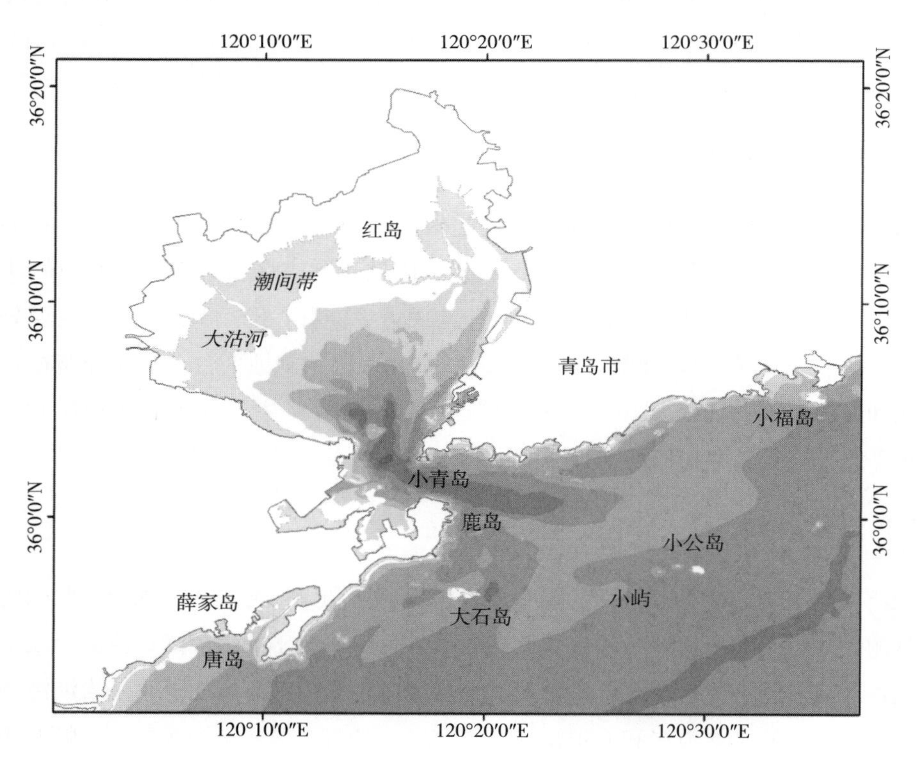

图 1-1　胶州湾水深及现状地形

（五）气候和天气

胶州湾及邻近区域地处典型的东亚季风气候区，属暖温带季风型气候，因受东南季风和北方冷空气的影响，四季分明，又受海洋的调节作用，空气湿润，且雨量较充沛。

胶州湾及邻近区域的天气和气候表现出明显的大陆性和海洋性之间的过渡型特征：青岛市区沿海气温日较差为7.6 ℃，近海岛屿只有4.6 ℃，均小于10.0 ℃，属典型的海洋性气候特征；市郊日较差达11.3 ℃，具有大陆性气候的特点；以气温年较差决定的大陆度来看，1957年为52.5 ℃、1990年为57.2 ℃、2006年为55.7 ℃，基本属大陆性气候，但与山东内陆相比，气温年较差相对较小（柴岫 等，1957；董玉明，1990；刘晶，2006）。青岛最热月比内陆推迟1个月左右，且秋温高于春温，夏季凉爽、高温日数少，全年日平均气温大于30 ℃的日数为11.9 d，大于35 ℃的日数为0.2 d，这是海洋热力调节所致；由于海面粗糙度比陆地小，青岛地面风速比内陆要大，近海平均风速为7.4 km/s，为山东最大，极大风速可以达到44.2 km/s，为山东之冠（楚泽涵 等，2007）。

此外，青岛的无霜期为200～240 d。海雾、大风、寒潮和台风等是青岛地区的海洋灾害性天气。

二、胶州湾周围的河流

注入胶州湾的河流有大沽河、漕汶河、岛耳河、洋河、南胶莱河、白沙河、李村河、墨水河和桃源河等河流，长度大于30 km的河流有5条，其中，以大沽河流量最大（李乃胜 等，2006；王伟 等，2006）（图1－2，表1－1）。上述河流皆为季节性河流，汛期集中在7～9月。河川径流以降水补给为主，年内变化十分剧烈，汛期径流量一般占全年径流量的76.3%，枯水期径流量仅占23.7%（程友新 等，1996）。

表1－1　胶州湾周围的河流

序号	河流	流域面积（km^2）	长度（km）	平均流量（m^3/s）	年输沙量（10^4 t）
1	洋河	303	31	1.78	25.81
2	南胶莱河	1 500	30	4.036	27.36
3	大沽河	6 131.3	179	23.7	95.917
4	墨水河	317	41.4	0.92	4.76
5	白沙河	215	33	0.92	0.51
6	李村河	108		0.34	2.94
7	漕汶河	95	25		

（续）

序号	河流	流域面积（km^2）	长度（km）	平均流量（m^3/s）	年输沙量（10^4 t）
8	岛耳河	86	25		
9	桃源河	308	24.7		

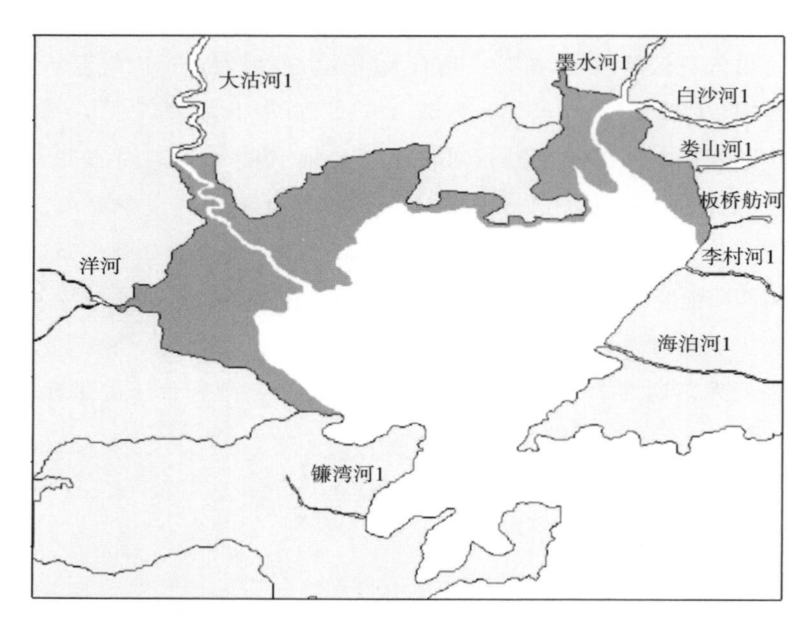

图 1－2　注入胶州湾的河流

（1）大沽河　大沽河发源于招远市阜山，在胶州市码头村南注入胶州湾（张俊 等，2003）。河道全长 179.9 km，流域面积 6 131.3 km^2（含南胶莱河流域 1 500 km^2），是胶东半岛最大水系（李乃胜 等，2006；李磊 等，2015）。河道平均宽 460 m，多年平均径流量为 8.797×10^8 m^3。该河流在 20 世纪 70 年代前，径流季节性较强，夏季洪水暴涨，常年有水；70 年代后期除汛期以外，中下游已断流（李乃胜 等，2006；李磊 等，2015）。

（2）漕汶河　又称巨洋河。发源于薛家庄南部小珠山西麓，于五河头入胶州湾。河道全长 25 km，市境汇水面积 95 km^2。20 年一遇洪峰流量为 653.7 m^3/s。境内有 2 条支流汇入（李乃胜 等，2006）。

（3）岛耳河　又称错水河。发源于薛家庄东南小珠山西北麓，于五河头入胶州湾。河道全长 25 km，市境汇水面积 86 km^2，有支流 3 条。上游建小珠山水库。20 年一遇洪峰流量为 507.8 m^3/s（李乃胜 等，2006）。

（4）洋河　洋河是一条独立入海的天然河道。洋河有两源，南源起源于胶南市（现黄岛区）洋河的吕家和金槽沟一带，为主源；西源出自胶州市岔乡陡岭前。两源在张应镇洋河崖村汇流（郭霖 等，2012）。河道全长 31 km，总流域面积为 303 km^2，河口宽 85 m。多年平均径流量为 7.101×10^7 m^3，属季节性河流。

（5）胶莱河　胶莱河是世界上开凿最早的地峡运河之一，史称胶莱运河，位于胶东半岛沂山山脉与昆俞山脉之间（李乃胜 等，2006）。河道贯通山东半岛南北，沟通胶州湾和莱州湾，全长超过 130 km。干流的南部在胶州市境内，北部在青岛市与潍坊市交界处，是一条南北两端通海、没有源头的人工河。它的北段流入渤海莱州湾称北胶莱河，南段流入黄海胶州湾称南胶莱河。总流域面积为 5 478.6 km^2，其中，青岛境内最长 107 km，流域面积为 3 414 km^2（李乃胜 等，2006）。

（6）白沙河　白沙河是崂山区最长的河流。起源于崂山巨峰下，于崂山区后楼村北入胶州湾（王文海 等，2006）。河流干道长 33 km，河床宽度上游为 50～100 m、中游为 200 m、下游为 300 m，流域面积为 215 km^2（李乃胜 等，2006）。上游河床多由岩石、粗沙、砾石组成，一般常年有水；中游有崂山水库；下游河床是细沙，河道相对较顺直，地下水丰富，水质优良，冬春断流（李乃胜 等，2006）。

（7）李村河　发源于石门山南坡诸涧，东西流向，流经毕家上流、李家上流，至姜家下河转弯西下，经王家下河纳臧河南流之水，又经郑庄、东李村，再纳枣儿山北流之水，经李村至阎家山与张村河流汇流，至胜利桥又纳王埠河之水，注入胶州湾（牛青山 等，2004）。

（8）墨水河　发源于崂山北部的标山附近，河流全长为 41.5 km，河道宽 10～80 m。主要支流有流村河、横河、土桥头河、西流峰河，总流域面积为 317 km^2（李乃胜 等，2006）。

（9）桃源河　发源于即墨普东的桃行，流经南泉镇、蓝村镇、崂山区、胶州市，入大沽河。河流全长 34.7 km，总流域面积为 308 km^2（李乃胜 等，2006）。

第二节　海洋资源概况与开发利用现状

一、海洋资源

（一）生物资源

胶州湾位于中纬度边缘海，在北温带南缘，也受亚热带气候影响，属于暖温带季风型气候。冬季水温虽低，但夏、秋季温暖时期较长，有 5～6 个月期间适于大多数海洋生物繁殖、生长，此时具有亚热带海域的环境特点。尤其具有洄游能力的海洋生物种类，其繁殖、生长和栖息基本上不受影响。胶州湾独特的地理构造使其具有较高的封闭性，湾内外的海水交换仅能通过狭窄湾口进行，但其地形、潮汐和海流等特点，又使它具有较好的海水交换条件（交换率为7%，半交换周期仅5 d）。特别是沧口水道，由于水交换条件好，有利于污染物输送与扩散，使近岸海域水质显著好于潮间带区域，为许多海洋生物的繁殖、生长提供了较好的环境条件。胶州湾西部浅水区潮流较弱，有利于水域中营养盐的滞留，保证了较高的初级生产力。这些优势为胶州湾内生物的生存和生长提供了良好条件，同时，也为该海域渔业生物的增殖和生产力的进一步提高提供了物质基础（刘瑞玉，1992）。

浮游植物是海洋初级生产力的主要生产者，它是浮游动物的基础饵料和食物网的基础结构环节，对于海洋生态系统的物质循环和能量流动有着重要的作用（杨宇峰 等，2006）。浮游植物种类和数量分布，是研究海洋生态系统结构与功能的重要内容之一。胶州湾浮游植物种类组成以硅藻占主导，总体上近岸物种数量略少，远岸物种数量略多。5 m等深线以内浮游植物密度较高，尤其集中分布于胶州湾东北部，随着水深的增加，靠近湾外的海域浮游植物数目明显减少。

海洋浮游动物是海洋主要的次级生产者，其种类组成、数量分布以及种群数量变动直接或间接制约海洋生产力的发展（李纯厚 等，2004）。浮游动物种类组成和数量变动与海洋水文、海水化学等环境要素密切相关。在一定程度上，浮游动物对海洋生态系统能量流动和物质循环起着重要作用。因此，对海洋浮游动物的调查研究，将为海洋生物资源的开发利用和海洋生态环境的保护提供重要的科学依据和指导作用。胶州湾浮游动物总体上丰度较高，5 m 等深线附近浮游动物分布较密集，湾口处水深流急，出现的浮游动物较少。甲壳动物是胶州湾浮游动物最重要的组成成分，桡足类是其主要类群（张芳 等，2005）。

胶州湾滩涂广阔，沿岸河流为其带来丰富营养物质，在此形成了丰富的海涂生物资源。胶州湾底栖生物组成复杂、数量丰富。有岩礁、泥沙质和泥质等底质类型，底栖生物资源种类甚多。根据 2013 年胶州湾底栖生物调查，共出现底栖生物 39 种，包括环节动物、节肢动物、软体动物、棘皮动物、纽形动物和鱼类。其中，经济贝类主要有菲律宾蛤仔（*Ruditapes philippinarum*）、泥蚶（*Tegillarca granosa*）、大竹蛏（*Solen grandis*）、长竹蛏（*Solen gouldi*）、缢蛏（*Sinonovacula constricta*）和文蛤（*Meretrix meretrix*）等（林岿璇 等，2004）。胶州湾浮游植物、浮游动物以及底栖生物资源丰富，全年平均生物量均远高于湾外其他海区，这为胶州湾的鱼类和其他经济物种提供了丰富的饵料生物。

胶州湾海域的游泳动物以暖温种为主，但春、夏季也分别为洄游性鱼类和游泳性无脊椎动物提供了繁殖、育幼的条件，表现出较高的种类多样性。主要经济鱼、虾种类中，既有冷温性的大泷六线鱼（*Hexagrammos otakii*），又有暖水性的带鱼（*Trichiurus lep-*

turus)、鹰爪虾（*Trachypenaeus curvirostris*）和周氏新对虾（*Metapenaeus joyneri*）等（朴成华，2005）。

根据20世纪80年代在胶州湾进行的渔业资源和生态环境调查，胶州湾有113种鱼类。鱼类主要优势种有褐牙鲆（*Paralichthys olivaceus*）、斑鰶（*Konosirus punctatus*）、鲮（*Liza haematocheila*）和长绵鳚（*Enchelyopus elongatus*）等（刘瑞玉，1992）。同时，胶州湾活动能力较强的虾、蟹类和软体动物头足类数量丰富，在繁殖季节大量出现，在升温季节交替利用该水域产卵繁殖。它们常大量成群出现，形成程度不等的季节性渔业，在渔业经济中占有一定地位。如甲壳类的中国明对虾（*Fenneropenaeus chinensis*）、周氏新对虾、鹰爪虾、三疣梭子蟹（*Portunus trituberculatus*）、口虾蛄（*Oratosquilla oratoria*）和软体动物的曼氏无针乌贼（*Sepiella maindroni*）、金乌贼（*Sepia esculenta*）以及枪乌贼（*Loligo* spp.）等种类，它们在一定时期集中分布，密度有时超过鱼类，特别是口虾蛄（1981年8月生物量密度为1 053.0 kg/km^2）和中国明对虾（1981年8月生物量密度为144.8 kg/km^2）（刘瑞玉，1992）。

胶州湾是多种经济鱼类和无脊椎动物种类的产卵场和育幼场。胶州湾湾内外水域周年都有鱼类、虾类和头足类交替产卵繁殖，春、夏季升温期（4—8月）为主要繁殖季节。冬季产卵的冷温种很少，只有大银鱼（*Protosalanx hyalocranius*）、小杜父鱼（*Cottiusculus gonez*）、长绵鳚和石鲽（*Platichthys bicoloratus*）等。大部分种为暖水性和暖温性种类，如褐牙鲆、短吻红舌鳎（*Cynoglossus joyneri*）、半滑舌鳎（*Cynoglossus semilaevis*）、青鳞小沙丁鱼（*Sardinella zunasi*）、赤鼻棱鳀（*Thryssa kammalensis*）、鳀（*Engraulis japonicus*）、斑鰶、鲮、黑鲷（*Sparus macrocephlus*）、中国明对虾、周氏新对虾、鹰爪虾、口虾蛄、三疣梭子蟹、日本蟳（*Charybdis japonica*）、曼氏无针乌贼和金乌贼等（刘瑞玉，1992）。这些种类的产卵期互相交错重叠，使它们能够根据自己的生物学和生态特性以及遗传特点，利用不同空间、时间和食物（不同类型的浮游生物、底栖生物和有机碎屑）的供应条件，进行产卵、育幼和生长，使其种群不断补充、扩大、生存和发展。胶州湾褐牙鲆鱼卵最高密度达308个/m^2、青鳞小沙丁鱼鱼卵最高密度达1 162个/m^2，为黄、渤海其他水域所罕见。

近年来，由于受到长期高强度渔业捕捞压力和环境变化的影响，胶州湾的渔业生物群落结构发生了较大变化，渔业资源衰退严重，经济价值较高的鱼类和无脊椎动物种类逐渐被小型低值种类所替代，渔获物低值化、小型化现象十分突出且不断加剧。褐牙鲆、鲮等以往常见经济种类现在十分少见，鱼类种类数也下降明显。2003年，渔业资源调查发现58种鱼类。2009年，胶州湾中部海域调查共捕获鱼类55种，优势鱼种主要为六丝钝尾虾虎鱼（*Amblychaeturichthys hexanema*）和矛尾复虾虎鱼（*Synechogobius hasta*）等（梅春，2010）。

根据2011年胶州湾进行的4个航次渔业资源调查，共捕获渔业生物种类181种。

其中，鱼类 57 种、虾类 22 种、蟹类 25 种、头足类 5 种。另外，还有双壳类、腹足类、棘皮类等共计 72 种。主要优势种为方氏云鳚（*Enedrias fangi*）、六丝钝尾虾虎鱼、赤鼻棱鳀、皮氏叫姑鱼（*Johnius belangerii*）、斑鰶、李氏䲗（*Callionymus richardsoni*）、口虾蛄、细巧仿对虾（*Parapenaeopsis tenellus*）、鹰爪虾、葛氏长臂虾（*Palaemon gravieri*）、脊尾白虾（*Palaemon carinicauda*）、疣背宽额虾（*Latreutes planirostris*）、双斑蟳（*Charybdis bimaculata*）、日本蟳、双喙耳乌贼（*Sepiola birostrata*）、枪乌贼、长蛸（*Octopus variabilis*）和短蛸（*Octopus ocellatus*）等小型低质鱼类和无脊椎动物种类。胶州湾近海渔业资源已过度开发，严重衰退，传统优势种类已逐渐被一些小型杂鱼、杂虾取代，因此，适当降低捕捞强度、保护近海渔业资源已刻不容缓。

目前，虽然鱼卵和仔、稚鱼种类数减少，但仍然有 25 种多鱼类在此产卵育幼，而且还有蓝点马鲛（*Scomberomorus niphonius*）、带鱼、皮氏叫姑鱼（*Johnius belangerii*）、斑鰶、多鳞鱚（*Sillago sihama*）、青鳞小沙丁鱼、白姑鱼（*Argyrosomus argentatus*）等经济鱼类。表明胶州湾仍是多种鱼类的重要产卵场、育幼场所，对于渔业资源早期补充和渔业资源养护具有重要作用。

（二）港口航运资源

胶州湾港口航运资源丰富。胶州湾东部为花岗岩丘陵，水深较大，形成绵长的沧口水道，沿岸布有由大港、小港、中港及四方港等组成的沧口水道港群（顾红卫，2008）；西南部岩礁直抵海岸，多为深水岸线，适宜兴建深水大港，已建有油港、前湾港区等组成的黄岛港群。

在胶州湾良好的宜港岸段中，已建成万吨级以上的码头有青岛港（集团）有限公司（老港区、油港区、前湾港区等）、北海船舶重工有限责任公司等；千吨级以上的码头有黄岛电厂、湖岛、安子、青-黄轮渡等；河口码头有胶州东营港、城阳罗家营渔港（柳枝等，2005）。这些港口和码头，均与青岛港及邻近港口有着极频繁的交通运输贸易往来，部分还兼具专业生产性能，共同形成了胶州湾港群的总体格局。

从目前现状看，青岛港群包括商港、修造船厂、筑港施工单位的工业港、渔港、公务船港、轮渡等（柳枝 等，2005）。其中，商港包括老港区、油港区、前湾港区；工业港包括中港一航局二公司基地（四方后海、显浪嘴）、山东黄岛发电厂码头等；邮轮母港有大港邮轮母港；轮渡及陆岛交通码头包括四川路轮渡、黄岛轮渡、薛家岛轮渡；公务船港有中港、薛家岛等；主要渔港包括红岛渔港、东大洋渔港、罗家营渔港、东营渔港、黄岛渔港、后岔湾渔港等；修造船厂有北海船舶重工有限责任公司、4808 船厂、7811 船厂以及青岛船厂等（柳枝 等，2005）（图 1－3、图 1－4）。

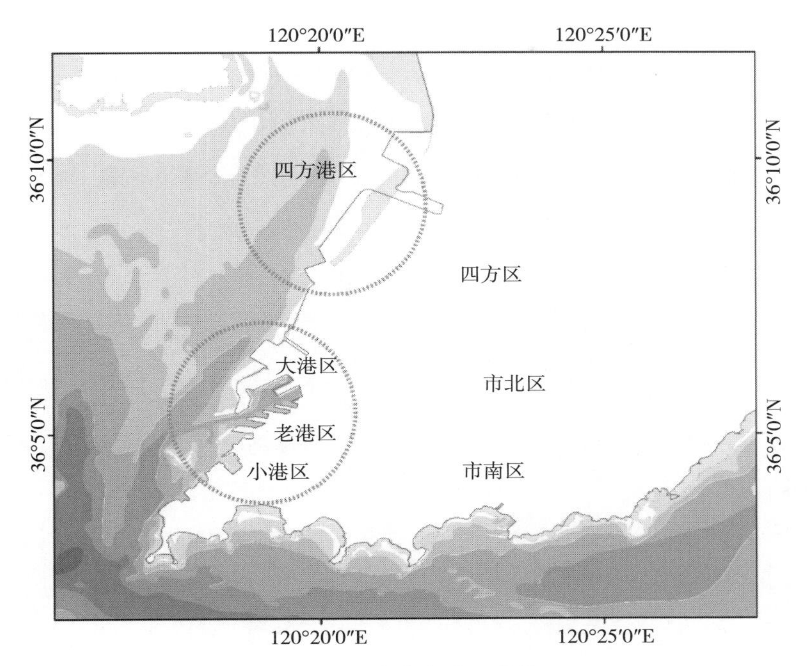

图 1-3　青岛老港区现状

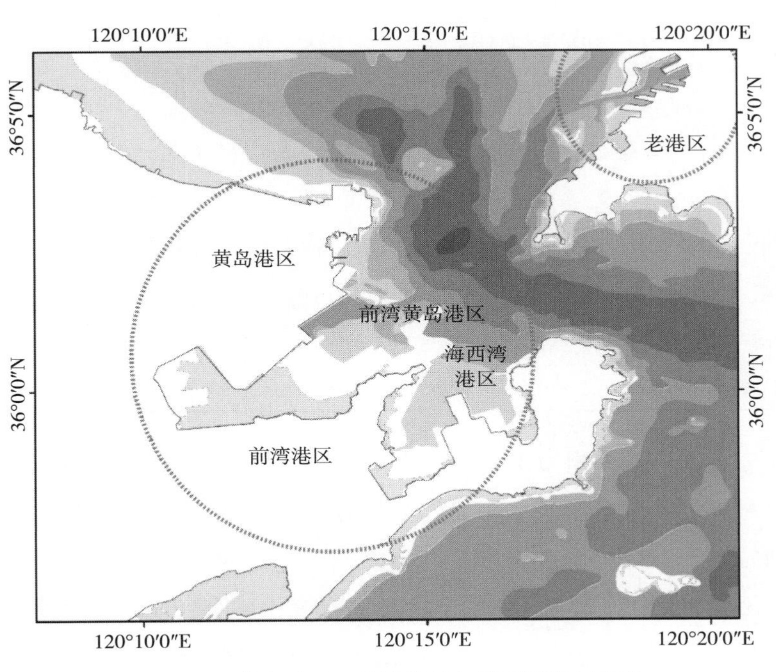

图 1-4　黄岛港区、前湾港区与海西湾港区现状

(三) 湿地资源

目前，胶州湾生态湿地有河口海湾湿地、浅海水域湿地、潮间滩涂湿地、湖泊湿地、河流沼泽湿地和盐田池塘湿地共 6 种生态类型，总面积 34 825.09 hm^2。其中，单块面积 10 hm^2 以上的湿地有 17 块，总面积 32 180 hm^2（段鹿杰，2010）（表 1－2）。

表 1－2 胶州湾主要生态湿地分布一览表

（段鹿杰，2010）

序号	湿地名称	面积（hm^2）	所处位置	湿地类型
1	胶州湾东部潮间滩涂湿地	920	四方、李沧沿海	潮间滩涂
2	沧口、女姑口潮间滩涂湿地	1 200	沧口、女姑口、流亭西部	潮间滩涂
3	红岛河套潮间滩涂湿地	250	红岛、河套南部	潮间滩涂
4	营海潮间滩涂湿地	1 350	营海北部	潮间滩涂
5	红石崖潮间滩涂湿地	1 680	黄岛、红石崖东岸	潮间滩涂
6	胶州湾浅海水域湿地	15 800	胶州湾浅海	浅海水域
7	女姑口河口海湾湿地	120	墨水河、白沙河河口	河口海湾
8	大沽河河口海湾湿地	1 000	大沽河河口	河口海湾
9	洋河河口海湾湿地	310	洋河五河头河口	河口海湾
10	城阳区上马盐田池塘湿地	480	上马、河套	盐田池塘
11	城阳区南万盐田池塘湿地	360	棘洪滩南部	盐田池塘
12	胶州市海达盐田池塘湿地	550	营海东部	盐田池塘
13	大沽河河流沼泽湿地	4 200	大沽河下游	河流沼泽
14	白沙河河流沼泽湿地	660	流亭白沙河河	河流沼泽
15	桃源河河流沼泽湿地	1 200	桃源河	河流沼泽
16	少海水库湖泊湿地	1 300	少海滞洪区	湖泊湿地
17	河套滨海沼泽湿地	800	河套南部	滨海沼泽

（1）河口海湾湿地　面积为 1 439.77 hm^2，占胶州湾生态湿地面积的 4.13%，主要位于大沽河入海口处，海水与淡水相汇处，是河口海湾湿地原始生态系统的代表。该区域自然景观独特多样，生物多样性丰富，为鱼类产卵、索饵洄游的重要场所。河口海湾湿地是亚太地区候鸟迁徙的主要路径通道，是珍稀水鸟繁殖地、越冬地（赵丽霞，2013）。2004 年 5 月，湿地国际-中国办事处组织黄海地区北迁鸻鹬鸟类调查，共统计到该地区鸻鹬鸟类 19 286 只，其中，鹤鹬（*Tringa erythropus*）、泽鹬（*Tringa stagnatilis*）、红胸滨鹬（*Calidris ruficollis*）的数量达到了国际重要湿地的标准。其中被列入

《濒危野生动植物国际贸易公约》名录的国际濒危稀有水禽和国家Ⅰ、Ⅱ级重点保护的水禽有丹顶鹤（*Grus japonensis*）、白鹤（*Grus leucogeranus*）、东方白鹳（*ciconia boyciana*）、中华秋沙鸭（*Mergus squamatus*）、遗鸥（*Larus relictus*）、大天鹅（*Cygnus cygnus*）、鸳鸯（*Aix galerioulata*）、灰鹤（*Grus grus*）等23种。每年在该区越冬的雁鸭类数量可达20 000只，鸥类约50 000只。其中，豆雁（*Anser fabalis*）、绿头鸭（*Anas platyrnychos*）、斑嘴鸭（*Anas poeciorhyncha*）和红嘴鸥（*Larus ridibundus*）为优势种。同时，每年冬季有灰鹤（*Grus grus*）、蓑羽鹤（*Anthropoides uirgo*）、丹顶鹤等珍稀候鸟的小种群在该区越冬游荡。

（2）浅海水域湿地　面积为15 868.65 hm²，占胶州湾生态湿地面积的45.57%，主要位于胶州湾低潮线与浅海退低潮时水深−6 m的海域；该区域滩涂底栖生物种类组成多样化，资源相对丰富，是迁徙水鸟的集中取食停落地（段鹿杰，2010）。此处人类活动主要为捕捞和养殖。该海域海水盐度在17～29，硬度在7.6～7.9。主要海洋生物种类有中国明对虾、短蛸、褐牙鲆、黄姑鱼（*Nibea albiflora*）、乌贼、青鳞小沙丁鱼、鲮、花鲈（*Lateolabrax maculatus*）和三疣梭子蟹等。该区域鸟类资源十分丰富，夏季鸟类种群以鹭类、鸥类繁殖鸟为主，其中，白额鹱（*Puffinus leucomelas*）、黑叉尾海燕（*Oceanodroma monorhis*）为优势种。该区域每年迁徙经过的鹭类、鸻鹬类水禽近百万只。

（3）潮间滩涂湿地　面积为6 479.87 hm²，占胶州湾湿地面积的18.61%，主要位于东岸的四方区、李沧区沿海、城阳区红岛、河套、流亭部分沿海、胶州营海东南部、黄岛红石崖、黄岛北海滩等潮间带滩涂（赵丽霞，2013）。该区域淤泥底质，生物种类资源丰富。有贝类20余种、虾蟹类7种、其他水生动物10余种。植被群落有柽柳（*Tamarix chinensis*）、原生碱蓬（*Suaeda salsa*）、罗布麻（*Apocynum venetum*）、芦苇（*Phragmites australias*）等禾草群落，大米草（*Spartina anglica*）为该区域的典型耐盐植物。

（4）湖泊湿地　面积2 775.19 hm²，占胶州湾湿地面积的7.97%，主要位于棘洪滩水库和胶州滞洪区少海国家湿地公园以及高新区河套、红岛、上马等部分小型水库塘坝（段鹿杰，2010）。该区域越冬雁鸭类水鸟成群，植被为水生群落，主要有芦苇、香蒲（*Typha orientalis*）等，其中，棘洪滩水库是最大的人工湖泊湿地，20世纪80年代建成后，缓解了青岛市城市供水不足的矛盾，保障了地方经济的可持续发展。

（5）河流沼泽湿地　面积为6 866.24 hm²，占胶州湾湿地面积的19.71%，主要位于胶州湾沿岸的白沙河、墨水河、洪江河、羊毛沟、大沽河、跃进河、洋河、漕汶河、岛耳河、桃源河等河道区域（赵丽霞，2013）。沼泽主要分布在胶州市胶东镇大麻湾到高新区上马镇的桃源河两侧芦苇香蒲沼泽，以及城阳河套、红岛南部的罗布麻、柽柳和芦苇湿地（段鹿杰，2010）。

（6）盐田池塘湿地　面积为1 395.37 hm²，占胶州湾湿地面积的4%，主要位于高新区上马、南万、河套和胶州营海镇养殖池塘和盐田（段鹿杰，2010）。

二、海域开发利用现状

截至 2015 年 7 月，胶州湾各类用海面积总和为 177.27 km^2。从用海类型来看，交通运输用海面积最大，为 51.29 km^2，占总用海面积的 28.9%；其次为渔业用海，总面积为 41.45 km^2，占 23.4%；海洋保护区用海面积达 36.28 km^2，占 20.5%；造地工程用海近 22.92 km^2，占 12.9%。此外，还有排污区、海底电缆管道、港池、蓄水、取排水口等各项用海，共约占 14.3%。从海域使用的空间分布来看，胶州湾湾口至湾中心的湾中南部区域以港口航运用海为主，满足港口及临海产业发展需求利用的填海造地面积也较大，多集中于海西湾；湾中北部主要为渔业用海和生态保护用海，渔业用海主要为底播养殖与沿岸的池塘养殖。

湾内现建有胶州湾国家级海洋公园，由国家海洋局 2016 年 8 月批准设立，总面积为 200.11 km^2，位于胶州湾中北部，范围覆盖胶州湾内港口航运区以北的大部分区域。胶州湾国家级海洋公园的保护对象是胶州湾保护控制线内的湾北部湿地与大沽河口湿地，包括其面积及环境质量。经青岛市人民代表大会常务委员会批准的保护控制线长度 202.6 km，为禁止湾内围填海的控制红线，其围合水域面积 348.3 km^2，形成对胶州湾生态系统的有力保护。

胶州湾海岸带是一个经济、社会与自然紧密结合的城市生态系统，各因素之间相互作用、相互影响。2007 年青岛市提出“环湾保护、拥湾发展”的战略规划，将环胶州湾区域整体功能定位为集高新技术产业、科技研发、商贸旅游、文化娱乐和优质人居环境等功能于一体的国际一流滨海城市组群（高振会 等，2009）。目前，胶州湾现有海岸线中，湿地岸线的比例最高，工业岸线逐渐转化为生活岸线；胶州湾规划绿地整体上多样性较为丰富，但市北区沿岸绿地较少（张志恒，2009）。

胶州湾北部为青岛高新区核心园区。2006 年 6 月，国务院批准在胶州湾北部扩大高新区，规划建设面积 63.44 km^2，使青岛高新区总开发面积达到 327.756 km^2。2015 年 1～10 月，高新技术产业产值占规模以上工业总产值比重达到 60%（姜静 等，2016）。

三、存在问题

目前，胶州湾的开发利用主要存在以下问题：

（一）湿地面积缩减，湿地生态遭受损坏

近年来，胶州湾水域面积收缩速度逐渐加快，除受全球气候等自然因素的影响外，主要是由于经济建设等人类开发活动致使胶州湾周边生态湿地锐减。湿地生态系统破坏

带来的最终表现是生物多样性的消失，生态系统中一些依赖湿地生存的物种逐渐减少和灭绝。例如，1985 年在胶州湾生态湿地曾调查到鸟类有 206 种，但现在仅发现 156 种（王宝斋 等，2016）。胶州湾生态系统正面临前所未有的巨大压力，生态系统中大部分珍稀濒危物种可能会因取食栖息场所消失、迁徙洄游通道阻隔和污染问题而消失，给脆弱的生态系统带来不可逆转的伤害。

（二）传统的重要渔业资源严重衰退，渔业生物多样性下降

胶州湾为许多海洋生物的繁殖、生长提供了较好的环境条件，也是许多鱼类及其他经济鱼虾等种类的栖息、繁衍场所。根据 20 世纪 80 年代在胶州湾进行的相关调查，胶州湾有 113 种鱼类，主要优势鱼类有褐牙鲆、斑鰶、鲮和长绵鳚等。同时，活动能力较强的虾、蟹类和软体动物头足类在胶州湾数量丰富，繁殖季节大量出现。

由于受到过度捕捞和环境变化等多重压力的影响，胶州湾的渔业资源严重衰退，生物群落结构也发生了巨大变化，经济价值较高的经济种类逐渐被小型种类所替代，渔获物低质化、小型化现象十分突出且不断加剧。褐牙鲆、鲮等以往常见经济种类的现在已经十分少见，鱼类种类数也下降明显。经 2011 年 4 个航次季度调查，共有渔获种类 181 种。其中，鱼类有 57 种、虾类 22 种、蟹类 25 种、头足类 5 种。另外，还有双壳类、腹足类、棘皮类等共计 72 种。主要优势种为方氏云鳚、六丝钝尾虾虎鱼、赤鼻棱鳀、皮氏叫姑鱼、口虾蛄、鹰爪虾、葛氏长臂虾、双斑蟳、日本蟳、双喙耳乌贼、枪乌贼、长蛸等小型低质鱼类和无脊椎动物种类。无论从资源种类总数、经济鱼虾种类数还是渔业资源群落结构来看，目前胶州湾渔业资源已严重衰退、生物多样性下降明显。

（三）菲律宾蛤仔养殖缺乏统一规划布局，忽视环境容量，制约养殖生产可持续发展

前些年，胶州湾内大量开展菲律宾蛤仔养殖，为追求高收益，忽视了养殖水域的生态容纳量。滩涂向社会公开发包后，管理难度加大，中标的养殖户为提高经济收益，大都对原本规划的保苗区、轮养歇滩区进行二次发包，将其改造为养殖区，造成养殖面积和规模无序膨胀，导致胶州湾内菲律宾蛤仔的放养量大大超出了该海域的生态容纳量，造成养殖区内菲律宾蛤仔摄食不足，肥满度差；海区底层缺氧，也导致苗种成活率低，严重影响底播养殖的可持续发展（王学端 等，2002）。近年来，相关管理部门和养殖户逐渐意识到这个问题，积极采取措施以加强养殖管理。下一步，需加强科学管理，在养殖区统一规划布局基础上，把握放苗密度、苗种规格、苗种质量及放苗时间，逐步推进胶州湾内这一特色渔业的可持续发展。

（四）陆源污染物对胶州湾水质环境的影响

随着胶州湾沿岸工农业生产发展和城市化进程加快，虽然政府加大了污水处理厂的建设，但胶州湾入湾河流较多，仍有污染物涌入胶州湾海域，致使海水水质受到影响。统计数据显示，2013年青岛全市共排放各类废水4.7亿t，其中，约70%流入胶州湾；城市生活排放约占废水排放总量的80%。胶州湾污染物主要来源于城市生活、工业生产、农业农村和海水养殖等方面，主要污染物是无机氮、磷酸盐。无机氮、磷酸盐污染最重的是胶州湾东北部近岸海域，局部浓度超过三类海水水质标准；其他海域海水符合一类海水水质标准（宋召军 等，2008）。而胶州湾北部正是菲律宾蛤仔的主要增养殖区，由此导致贝类在不良的水环境下生存，体弱多病且肥满度差，严重影响了菲律宾蛤仔底播养殖业的健康发展与食品安全（陈丽梅，2007）。因此，必须加强污染源的有效控制和海洋生态环境的监测。

（五）纳潮量缩减，水动力减弱

近几十年来的大面积围填海工程，使胶州湾的纳潮水域面积大量减少。据山东省海洋与渔业厅发布的统计数据显示，胶州湾纳潮量由1963年的13.1×10^8 m^{3}减少到2008年的9.568×10^8 m^3，40多年间减少了26%；减少速率最快时期是1986—2000年胶州湾围填海的高峰期，年平均减少量达到5.25×10^6 m^3（雷宁 等，2013）。纳潮量减少直接导致了胶州湾与外海水交换强度降低以及污染物迁移扩散速率下降，导致海湾自净能力减弱（雷宁 等，2013）。20世纪80年代以后，胶州湾各区域水交换能力逐渐降低，除了海湾西北部近年来稍有好转。其中，黄岛前湾、海西湾和东北部海域水交换能力下降最为剧烈。目前，胶州湾整体平均滞留时间为42 d（史经昊，2010）。因此，胶州湾水体缩小是其最主要的环境问题。

（六）西海岸的石化区对胶州湾生态系统构成威胁

黄岛石化区位于胶州湾西岸，依托黄岛油码头现已形成千亿级产业链区。区域内现有中海油重质油、环海石油、丽东化工、益佳阳鸿、丽星仓储、黄岛油库、中油燃料、炼油化工、澳东化工、联拓化工、天安重交、石油储备基地、惠城科技、海华纤维、华欧砼业、艾利斯新材料等多个高耗能、高污染、高生态风险的石化项目。1989年8月12日黄岛油库遭雷击爆炸和2013年11月22日中石化东黄输油管道泄漏爆炸这两次特别重大事故的警钟始终在胶州湾西岸回响，两场事故除了给人民生命财产造成了重大损失外，也给胶州湾带来了严重的生态威胁。这种威胁可能会是灾难性的，胶州湾自然环境特征决定了一旦遭受这种生态灾难将难以恢复。因此，建议对石化区实施的“近限远迁”应加快加紧步伐，对于现有的码头油库区等其他不安全因素也应尽快迁出，确保对胶州湾海域的环境质量实施最严格的控制。

第二章
海洋水文环境

胶州湾地处典型的东亚季风区，大陆和海洋的双重影响使胶州湾地区温度适中，年振幅和昼夜温差较小。根据1958—1998年的气象资料分析，周年内胶州湾地区的月平均最低气温发生在1月，月平均最高气温发生在8月。1900—1998年胶州湾地区2月、5月、8月和11月的平均气温分别为0.30 ℃、15.70 ℃、25.00 ℃和8.80 ℃。胶州湾历年年平均气温为12.20 ℃，有记载的最高气温为38.90 ℃（2002年7月15日），最低气温－16.00 ℃（1970年1月4日）（李乃胜 等，2006）。自1900年以来，胶州湾地区四季平均气温均呈上升趋势；其中，以冬季气温上升幅度最大，20世纪90年代冬季平均气温比20世纪初上升2.64 ℃；秋季次之；夏季气温升幅最小，为0.56 ℃。胶州湾地区降水量多年平均值为680.6 mm，全年降水量集中在7月、8月，两个月多年平均降雨量达303.1 mm，占全年总降水量的45%；冬季降雨量较少，平均降水量只有34.0 mm，其中12月最少，仅为9.8 mm（李乃胜 等，2006）。

胶州湾水温的变化对胶州湾浮游植物各种群数量及分布特征均有一定影响，并导致浮游植物群落结构的变化（吴玉霞 等，2005）。

胶州湾海域盐度周年几乎都处于垂直均匀分布状态。全年月平均盐度最低值约为31.60，多出现于8—10月；最高值约32.40，一般出现在5—6月；月平均盐度的季节变幅最大值为5.06，最小值仅为0.47（孙磊，2008）。胶州湾海域湾内近岸区域盐度较低，湾外盐度较高，这是由于胶州湾内东北部和西北部有多条入海河流。在近岸水域，陆源淡水稀释了海水，造成盐度降低；还带来大量营养物质，使无机营养盐浓度升高。在湾外，陆源输入量相对较小，所以盐度较高（李欣钰 等，2016）。

本章根据2011年2月（冬季）、5月（春季）、8月（夏季）和11月（秋季）在胶州湾及邻近水域进行的海洋水文环境季度调查，研究了胶州湾水温、盐度的空间分布及季节变化，并结合历史资料，总结了其年际变化特征。

第一节 水 温

一、空间分布

胶州湾及邻近海域冬季（2011年2月）水温变化范围为2.65～3.75 ℃，平均水温为（3.06±0.31）℃，水温较低且变化范围小。胶州湾湾内水温较低且分布相对均匀，等值线分布稀疏，存在2.95 ℃和2.85 ℃两个较大的等值线闭合区；胶州湾湾口附近水温等值线较密集，水温变化梯度较大；胶州湾湾外水温等值线稀疏，水温相对较高。

胶州湾及邻近海域春季（2011 年 5 月）水温变化范围为 13.50～15.25 ℃，平均水温为（14.12±0.50)℃，水温较高且变化范围小。胶州湾湾内、湾外海域等值线大致呈西北-东南走向，仅在湾口存在一个较小的等值线闭合区。胶州湾东北部近岸水域水温最低，等值线分布较稀疏，由东北向西南，水温逐渐升高。胶州湾湾口等值线分布密集，温度变化较大，与冬季水温分布规律大致相同，胶州湾湾外海域水温较高。

胶州湾及邻近海域夏季（2011 年 8 月）水温变化范围为 24.02～25.69 ℃，平均水温为（25.03±0.49)℃，水温为 4 个季节中最高。胶州湾湾内大致呈现出胶州湾西北部水温较低，东南部水温等值线分布密集、水温较高且变化梯度大的变化趋势。从湾内向湾口水温逐渐升高，在湾口处达到胶州湾水域水温的最高值，出湾后等值线稀疏，水温逐渐降低且变化梯度小。

胶州湾及邻近海域秋季（2011 年 11 月）水温变化范围为 12.55～15.55 ℃，平均水温为（13.86±0.83)℃，水温相对较高。胶州湾湾内、湾外等温线大致呈东北-西南走向，即整体上胶州湾西北部水温低、东南部水温高。胶州湾湾内水温比湾口、湾外水温低，与冬季和春季水温分布规律类似。胶州湾秋季水温最低值出现在胶州湾西北部近岸水域，等值线分布稀疏，胶州湾内中部海域等值线分布密集，变化梯度较大。胶州湾湾口等值线分布稀疏，胶州湾湾外等值线分布密集，水温较高且变化梯度大（图 2－1）。

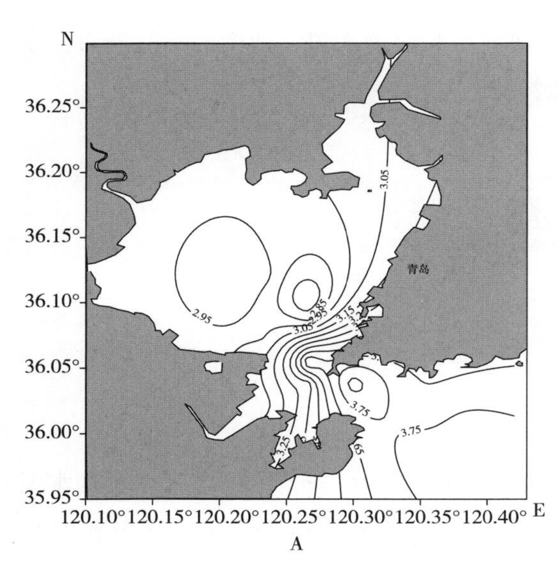

A

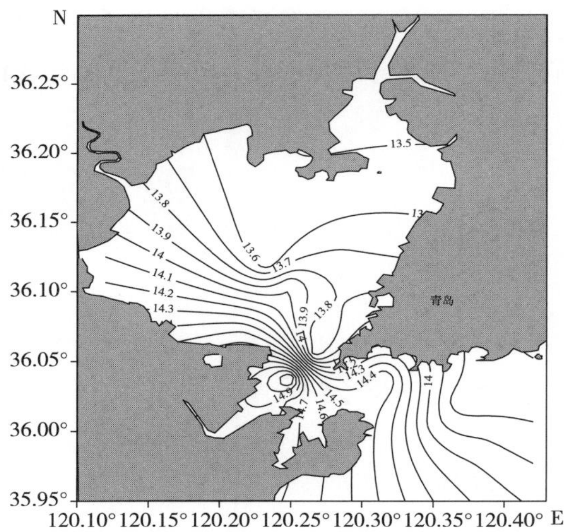

B

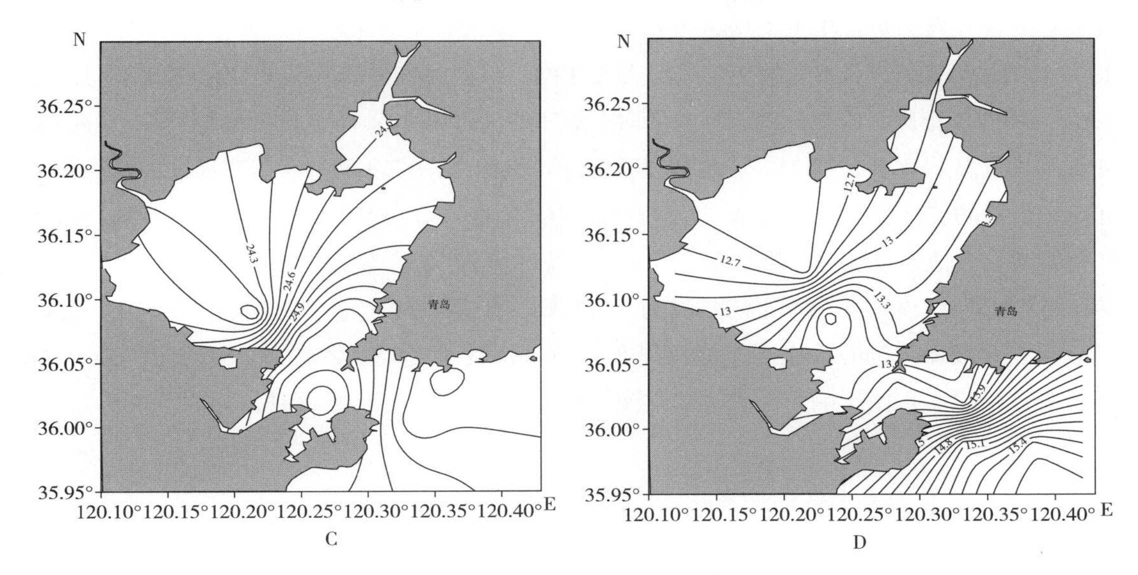

图 2-1　胶州湾及邻近海域水温空间分布（℃）

A. 冬季　B. 春季　C. 夏季　D. 秋季

二、季节和年际变化

胶州湾及邻近海域水温具有明显的周年变化特征，全湾水温最高集中出现在 8 月，最低值除浅滩区受陆地影响出现在 1 月外，其余都在 2 月。朱兰部等（1991）将胶州湾内水温的年变化类型分为湾顶、湾中和湾口 3 种类型。湾顶型主要特点是：各层水温值基本相同，最高值在 8 月初，最低值见于 1 月，水温年变幅较大，为 25.00～26.30 ℃，增温时间长（7 个月），降温时间短（5 个月），多出现于胶州湾北部沿岸及浅滩区；湾中型分布范围较广，几乎占据湾中央全部海域。各层水温最高值出现在 8 月，最低值见于 2 月，年变幅为 23.00～24.50 ℃。该型增、降温的时间相近，增温期（3—8 月）出现水温垂直分层现象，其中 7—8 月最显著，降温期（9 月至翌年 2 月）由于表层海水冷却对流，加以风的搅拌作用，所以水温处于准垂直均匀状态；湾口型出现于湾口区，该型的主要特征基本上与湾中型相似，不同的是该型各层水温终年相近，不出现垂直分层现象，其年变幅为全湾最小，仅 22.00 ℃左右。

根据 2011 年调查，胶州湾及邻近海域水温的季节变化如图 2-2 所示。全年胶州湾及邻近水域平均水温为 14.12 ℃。夏季平均水温最高为（25.03±0.49)℃；冬季胶州湾水域平均水温显著低于其他季节，仅为（3.06±0.31)℃；春季和秋季胶州湾水域平均水温相近，分别为（14.12±0.50)℃和（13.86±0.83)℃。

孙松等（2011）分析了 1962—2008 年 47 年间的胶州湾海域水温变化规律，发现水温变化总体呈现升高趋势，年平均增量为 0.02 ℃，冬季水温上升最明显，水温变化以 1980—1990 年间最为显著，各水层的变化趋势大致相同。不同时期平均水温的变化幅度不同，与 1962—1963 年相比，1983—1985 年的平均水温升高了 0.97 ℃；而 2006—2008 比 20 世纪 80 年代平均水温上升了 0.43 ℃，幅度明显减小。在 1981—1986 年间，胶州湾水域水温呈现出了低-高-低的变化过程（朱兰部 等，1991）。在 1991—1999 年间，春季水温的年际变化呈下降趋势，其他季节呈现上升趋势，其中，尤以冬季上升趋势明显。1991 年冬季平均水温为 2.62 ℃；而 1999 年冬季平均水温为 4.99 ℃，上升了2.37 ℃（赵淑江，2002）。胶州湾水温变化规律与渤海沿岸和东海沿岸相一致，但其年变幅总体较高，这可能与胶州湾不受外来流系、水团影响，对大洋气候变化有更直接的响应有关（孙松 等，2011）。

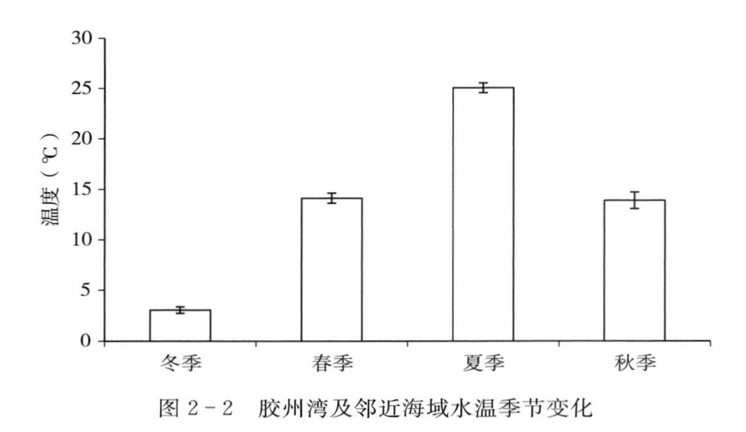

图 2-2　胶州湾及邻近海域水温季节变化

第二节　盐　　度

一、空间分布

胶州湾海域冬季（2011 年 2 月）盐度变化范围为 18.27～31.52，平均盐度为26.24±4.83，大部分海域盐度较低。胶州湾西北部近岸水域盐度最低，等值线分布稀疏；胶州湾湾口附近海域等值线分布密集，变化梯度较大，出现盐度最大值，且存在多个等值线闭合区。胶州湾外部邻近海域较湾口水域盐度较低，盐度为 25.00 左右。

胶州湾海域春季（2011 年 5 月）盐度变化范围为 29.08～31.53，平均盐度为30.82±0.73，盐度较高且变化范围较小。胶州湾内盐度较高，基本在 30.00 以上，等值线分布稀疏，变化范围较小。胶州湾湾口等值线分布稀疏，盐度分布相对均匀，变化范围小。胶州湾外部海域等值线分布密集，盐度存在较大幅度的变化。

胶州湾海域夏季（2011 年 8 月）盐度变化范围为 29.57～30.60，平均盐度为30.19±0.32，大部分海域盐度较高且变化范围小。胶州湾内、外海域盐度等值线大致呈西北-东南走向，即东北部海域盐度较高而西南部海域盐度较低。盐度最低值出现在胶州湾湾口西南部海域，盐度最大值出现在胶州湾内东北部近岸水域。总体上，胶州湾湾口附近海域等值线分布密集，胶州湾内近岸海域及胶州湾外部海域等值线分布稀疏。

胶州湾海域秋季（2011 年 11 月）盐度变化范围为 30.10～32.17，平均盐度为31.07±0.59，大部分海域盐度较高且变化范围小。等值线分布规律大致与 8 月相同，即胶州湾内、外海域盐度等值线大致呈西北-东南走向，即东北部海域盐度值较高而西南部海域盐度值较低。胶州湾内东北部近岸海域盐度最低，等值线分布较稀疏，胶州湾中部海域等值线分布较密集。胶州湾湾口及外部海域盐度等值线分布密集，盐度变化梯度较大（图 2－3）。

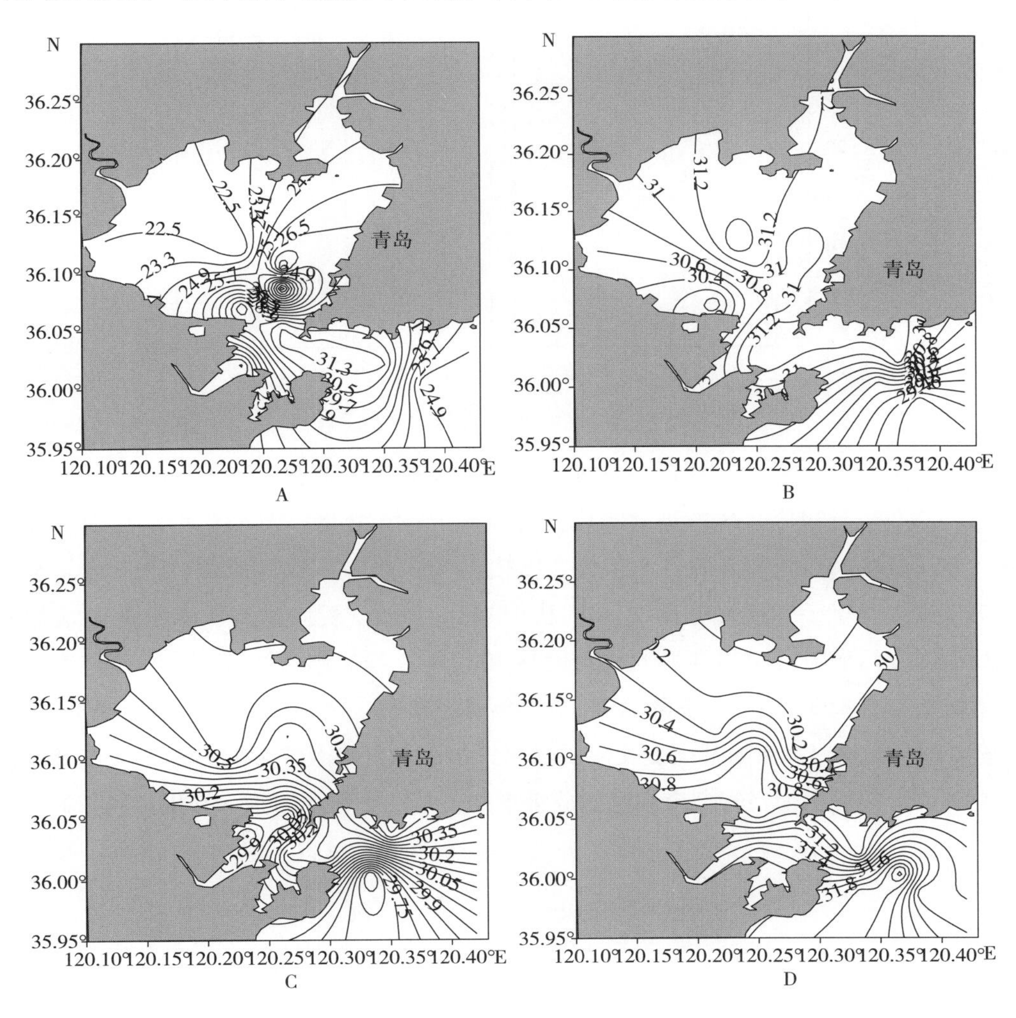

图 2－3　胶州湾及邻近海域盐度空间分布

A. 冬季　B. 春季　C. 夏季　D. 秋季

二、季节和年际变化

胶州湾盐度季节变化趋势不明显。在不同研究中，盐度最高值和最低值的出现月份在不同年间有差异。朱兰部等（1991）研究表明，胶州湾一年中盐度最高值主要出现在5—6月，最低值多见于8—9月；赵淑江（2002）则指出9月盐度最低，3月最高。

2011年胶州湾及邻近海域盐度平均值季节变化如图2-4所示。总体而言，胶州湾及邻近水域盐度季节变化较小。冬季盐度最低为26.24±4.83，春季、夏季、秋季盐度相近，秋季盐度最高为31.07±0.59。

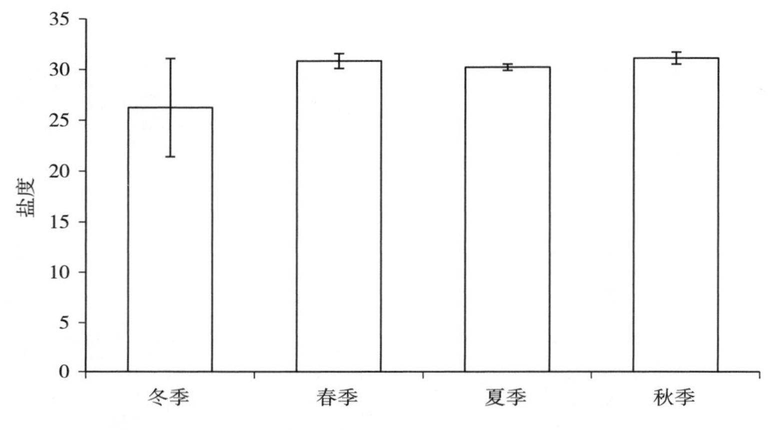

图2-4　胶州湾及邻近海域盐度季节变化

海水盐度的变化是一个复杂的过程，与降水、蒸发、水温、海水交换等因素密切相关（朱兰部 等，1991）。孙松等（2011）研究显示，在盐度季节变化中，盐度下降主要表现在春、夏季。在胶州湾的各水层中，盐度的变化趋势一致。1962—1981年，胶州湾盐度明显升高，年平均盐度升高2.13。从1981年开始，受胶州湾年降水总量增加的影响，其盐度开始下降，2008年胶州湾盐度与1962年相当。赵淑江（2002）研究表明，胶州湾海域盐度自1983年开始下降，至1991年降至最低，之后又呈现上升趋势，到1999年增至31.94。胶州湾海域盐度变化除受降水、水温等自然因素影响之外，随着城市化进程加快和人口数量增加，青岛市废水排放量增加也是一个重要因素（孙松 等，2011）。

第三章
海洋化学环境

本章根据2011年2月（冬季）、5月（春季）、8月（夏季）和11月（秋季）在胶州湾及邻近水域进行的海洋化学环境调查，分析了胶州湾溶解氧、pH、硅酸盐、化学需氧量、磷酸盐和无机氮的空间分布及季节变化，并结合历史资料，总结了其年际变化情况。

第一节 溶解氧

溶解氧，作为海洋学上的一个最基本参数，是衡量水体环境质量的重要指标之一，对于维持水生生态系统健康有着重要的意义（Quinn et al，2005），它可以直接反映生物的生长状况和水体污染程度。水体中的溶解氧主要来源于大气中氧的溶解和浮游植物的光合作用，消耗途径则主要包括水生生物的呼吸和有机物质降解（杨丽娜 等，2011）。通过分析调查海域溶解氧，可以从一定程度上了解该海区的生物地球化学过程（宋国栋，2008）。另外，中尺度范围长时间的溶解氧状况还能揭示海洋与气候变化的关系（Carcia et al.，2005），溶解氧在一定程度上还与全球碳循环密切相关（Joos et al.，2003）。因此，溶解氧的调查研究对于水域环境管理具有重要意义。

一、空间分布

图3－1为胶州湾及邻近海域不同季节的溶解氧空间分布。胶州湾及邻近海域冬季（2011年2月）溶解氧变化范围为0.37～0.44 μmol/dm³，溶解氧平均值为（0.41±0.02）μmol/dm³，溶解氧浓度较高。胶州湾湾内东部海域溶解氧较低。胶州湾湾内中部及湾口附近海域等值线分布密集，变化梯度较大。胶州湾湾内西部海域溶解氧较高且等值线分布稀疏。胶州湾湾外水域溶解氧较低，且存在多个等值线闭合区。

胶州湾及邻近海域春季（2011年5月）溶解氧变化范围为0.26～0.37 μmol/dm³，溶解氧平均值为（0.34±0.03）μmol/dm³，溶解氧浓度较低。胶州湾湾内海域溶解氧等值线分布稀疏，变化范围较小。胶州湾湾外海域，120.35°E附近海域溶解氧等值线分布密集，变化梯度较大。胶州湾湾外东北部海域溶解氧较低，而西南部海域溶解氧较高。

胶州湾海域夏季（2011年8月）溶解氧变化范围为0.18～0.34 μmol/dm³，溶解氧平均值为（0.23±0.08）μmol/dm³，溶解氧最低。溶解氧最大值出现在胶州湾湾内东北部近岸海域，其等值线分布稀疏。胶州湾中部及湾口附近海域等值线分布较密集且存在多个等值线闭合区，溶解氧变化梯度较大。胶州湾湾外海域等值线分布稀疏，溶解氧最低（图3－1）。

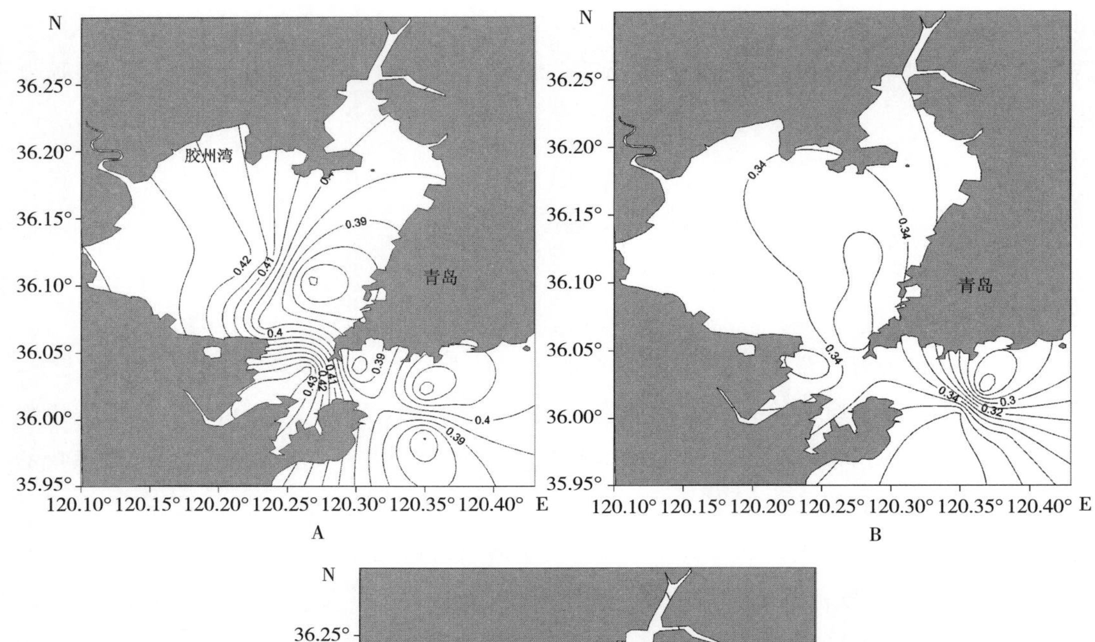

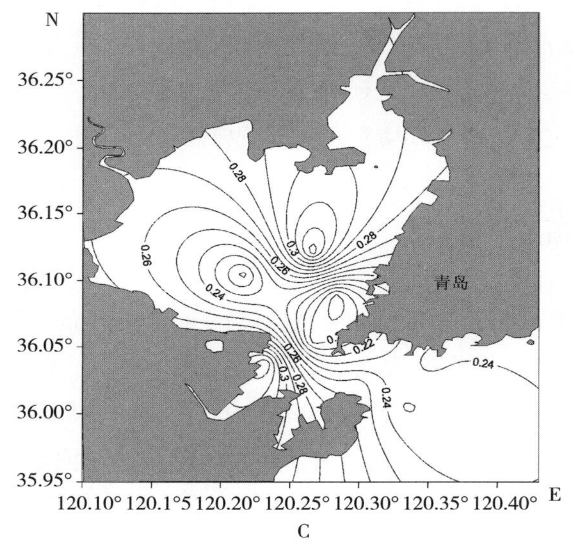

图 3-1 胶州湾及邻近海域溶解氧空间分布（μmol/dm³）

A. 冬季 B. 春季 C. 夏季

二、季节和年际变化

2011 年胶州湾及邻近海域溶解氧季节变化如图 3-2 所示。胶州湾水域冬季溶解氧最高，为（0.41±0.02）μmol/dm³；其次为春季，溶解氧为（0.34±0.03）μmol/dm³；夏季溶解氧最低，仅为（0.23±0.08）μmol/dm³。钟美明（2006）研究也表明，胶州湾水域的溶解氧在春冬季高、夏秋季低。

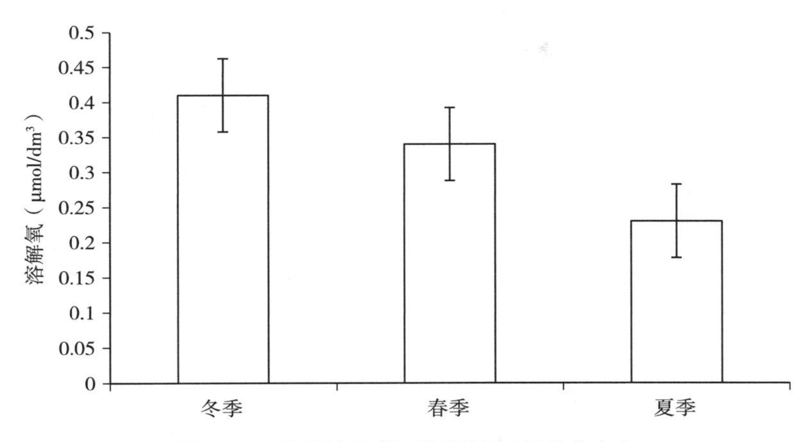

图 3－2　胶州湾及邻近海域溶解氧季节变化

赵淑江（2002）分析了 1962、1981、1991—1994、1997—1998 年胶州湾水域平均溶解氧的变化，1994 年之前基本处于稳定状态，而 1997 和 1998 年溶解氧则有较大幅度增加。胶州湾水域表层溶解氧在 20 世纪 60 年代较高，随后 80 年代有所降低，进入 90 年代初则更是呈现较低的水平，随后逐年上升。在较长的时间序列中，胶州湾水域溶解氧各季节间的关系一直呈现出春冬季高、夏秋季低的特征，不同年份之间各季节的变化规律也较为一致。

第二节　pH

pH 关系着海水中二氧化碳体系各分量之间的平衡，直接影响大多数元素在海水中的存在形式及沉淀溶解环境，与元素在海洋中的生物地球化学行为、迁移过程以及海洋生产力都有一定关系；pH 是海水碳酸盐体系的重要参数之一，也是海洋酸化的直接证据。因此，连续精确地监测海水的 pH，对于海洋碳循环和海洋酸化研究具有重要意义（刘淑雅 等，2013）。

胶州湾湾内表层海水 pH 呈现北部低、南部高，其中东北部最低，均低于湾外的 pH。通过比较历史数据，发现胶州湾红岛海域和大沽河邻近海域的 pH 有所下降，但仍在国家一类海水水质标准范围内（刘淑雅 等，2013）。

一、空间分布

图 3－3 为胶州湾及邻近海域 pH 在各季节的空间分布。胶州湾及邻近海域冬季

（2011 年 2 月）pH 变化范围为 7.89～8.35，平均值为 8.12±0.14。胶州湾湾内 pH 变化范围较小，东北部近岸海域 pH 等值线分布稀疏。pH 变化剧烈的区域为胶州湾湾内东南部和湾口处，等值线密布，变化梯度大。胶州湾湾外海域，由湾口向外，pH 逐渐升高，等值线逐渐稀疏。

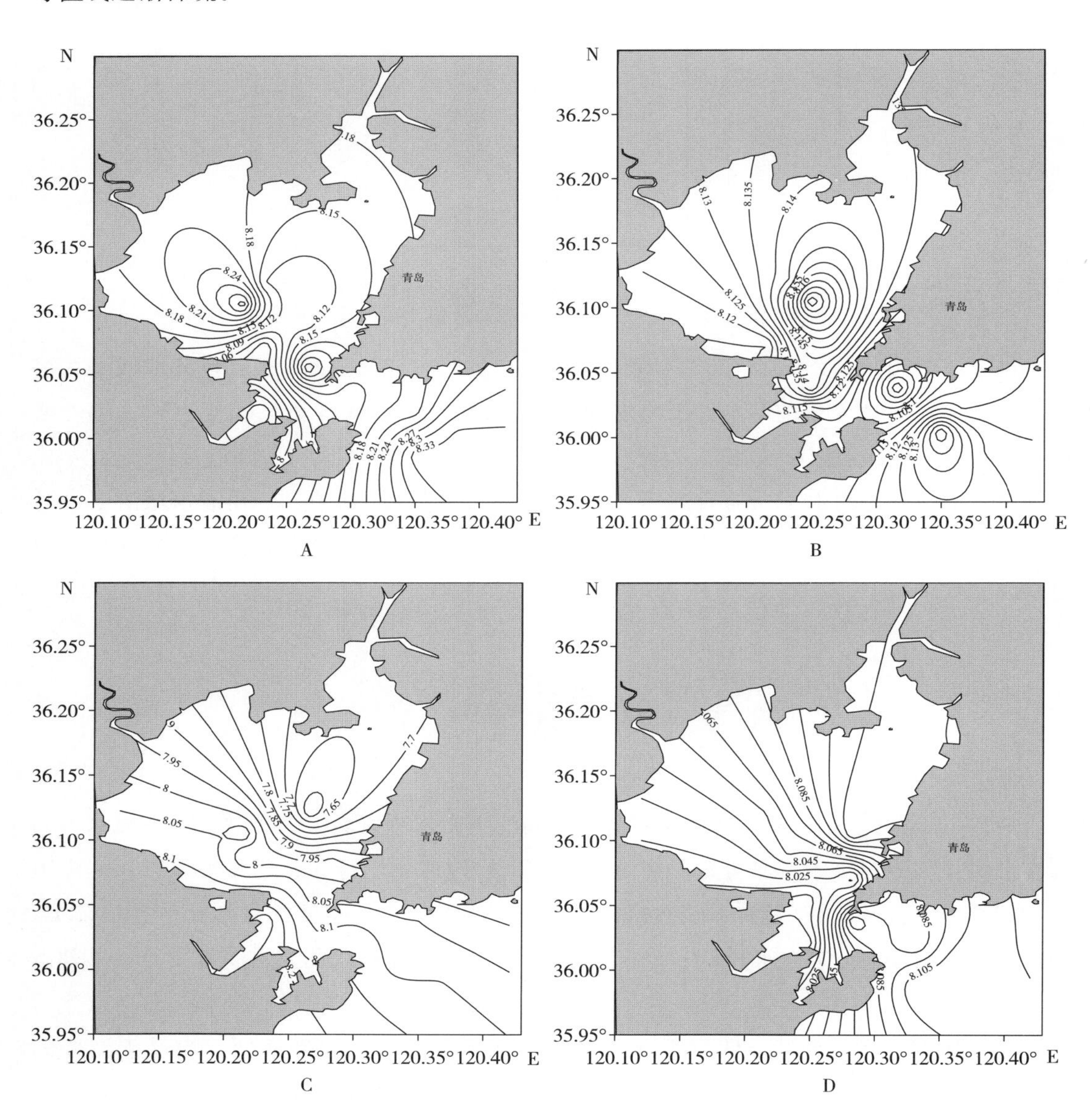

图 3-3 胶州湾及邻近海域 pH 空间分布

A. 冬季 B. 春季 C. 夏季 D. 秋季

胶州湾及邻近海域春季（2011 年 5 月）pH 变化范围为 8.07～8.18，平均值为 8.13±0.03，pH 变化范围较小。胶州湾中部海域 pH 等值线分布密集，存在一个较大的高 pH 等值线闭合区，胶州湾内近岸海域 pH 较低且等值线分布稀疏。胶州湾湾口附近海域 pH 等值线分布密集，且存在 pH 最低值，由湾口向外，pH 逐渐变大，等值线逐渐稀疏。

胶州湾及邻近海域夏季（2011 年 8 月）pH 变化范围为 7.56～8.28，平均值为 8.03±0.17，pH 变化范围较大，平均值较低。胶州湾湾内、湾外 pH 等值线大致呈西北-东南走向，即胶州湾东北部 pH 较低，西南部 pH 较高。胶州湾湾内中部海域等值线分布较密集，胶州湾湾内近岸及湾外水域等值线分布较稀疏。

胶州湾及邻近海湾外域秋季（2011 年 11 月）pH 变化范围为 7.99～8.13，平均值为 8.07±0.05，pH 变化范围较小，平均值较低。胶州湾湾口附近海域 pH 等值线分布密集，胶州湾内近岸水域及湾外等值线分布稀疏。胶州湾湾内海域 pH 稍低，湾外海域 pH 较高（图 3-3）。

二、季节和年际变化

2011 年胶州湾及邻近海域 pH 平均值季节变化如图 3-4 所示。整体上胶州湾 pH 平均值变化范围较小，波动幅度不大。其中，冬季和春季 pH 较高，分别为 8.12±0.14 和 8.13±0.03；秋季 pH 平均值较低，为 8.07±0.05；夏季 pH 平均值最低，为 8.03±0.17。

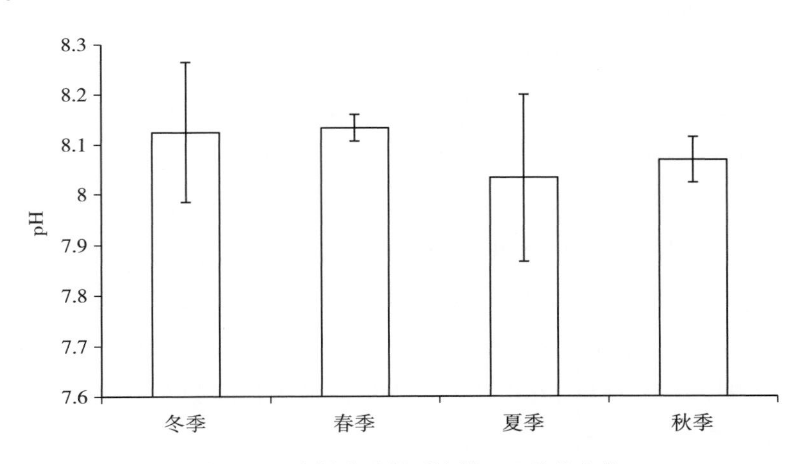

图 3-4 胶州湾及邻近海域 pH 季节变化

胶州湾海水 pH 在 20 世纪 80 年代初期较高，其后至 1998 年，pH 处于稳定的小范围波动状态，无显著变化，各层海水的 pH 变化情况基本一致（赵淑江，2002）。刘淑雅等（2013）比较了 2007 年、2010 年和 2011 年胶州湾海域的 pH 变化情况，发现 2010 年 pH 最高，2007—2011 年 pH 的变化为先升后降，2011 年较 2007 年低。其中，红岛附近海域 2003—2011 年 pH 呈下降趋势，下降幅度为 0.09。

第三节　硅 酸 盐

硅酸盐是海洋硅藻生长所必需的营养元素，同时也是硅藻细胞壁的重要组成部分，对海域初级生产力具有重要影响（巩瑶 等，2012）。硅藻作为浮游藻类中最重要的类群，存在于大多数海洋生态系统中，占世界初级生产量的60%（Treguer et al，1995）。同时，含硅酸盐的生物残体沉降到海底后，形成硅质软泥，是深海沉积物的主要组分。

有关海洋中硅酸盐利用的研究较少，对它的重要性评价过低，因为它很少被认为在海洋生态系统中限制浮游植物生产，仅被认为引起浮游植物种类组成的变化，而未必影响初级生产力（Dortch et al，1992）。但近年来，硅酸盐在生态系统中的重要性已经引起越来越多的重视。

一、空间分布

图3-5为胶州湾及邻近海域硅酸盐在各季节的水平分布。胶州湾及邻近海域冬季（2011年2月）硅酸盐浓度范围为3.56～13.26 μmol/dm^3，平均浓度为（6.94±2.01）μmol/dm^3，浓度变化范围大且平均浓度较高。胶州湾近岸海域等值线分布稀疏，湾口附近海域等值线分布较密集。胶州湾内硅酸盐浓度较湾外浓度低，由西北沿岸水域至东南湾口附近海域浓度逐渐升高。胶州湾外120.35°E附近近岸海域出现硅酸盐浓度最大值。

胶州湾及邻近海域春季（2011年5月）硅酸盐浓度范围为1.32～3.29 μmol/dm^3，平均浓度为（2.40±0.50）μmol/dm^3，浓度变化范围小且平均浓度较低。与2月硅酸盐分布规律不同，5月胶州湾内硅酸盐浓度较高而湾外硅酸盐浓度较低，胶州湾内海域由西北向东南硅酸盐浓度逐渐降低。胶州湾湾口附近海域等值线分布密集，有多个等值线闭合区，硅酸盐浓度变化梯度较大。

胶州湾及邻近海域夏季（2011年8月）硅酸盐浓度范围为0.72～10.50 μmol/dm^3，平均浓度为（5.36±4.02）μmol/dm^3，浓度变化范围大且平均浓度较低。胶州湾湾内及湾外等值线稀疏，浓度变化梯度小，胶州湾湾口海域等值线分布密集，硅酸盐变化梯度大。整体上，由胶州湾内西北部海域至胶州湾外东南部海域硅酸盐浓度逐渐降低，胶州湾西北部至中部海域存在较大的高浓度闭合区，等值线分布稀疏。

胶州湾及邻近海域秋季（2011年11月）硅酸盐浓度范围为4.94～9.43 μmol/dm^3，平均浓度为（6.72±1.40）μmol/dm³，硅酸盐浓度整体较高，平均浓度较高。与 5 月分布规律大致相同，即由胶州湾湾内西北部海域至胶州湾湾外东南部海域硅酸盐浓度逐渐降低，胶州湾湾内西北部近岸水域及湾外海域等值线分布稀疏，胶州湾湾口附近海域等值线分布密集，且存在等值线闭合区（图 3－5）。

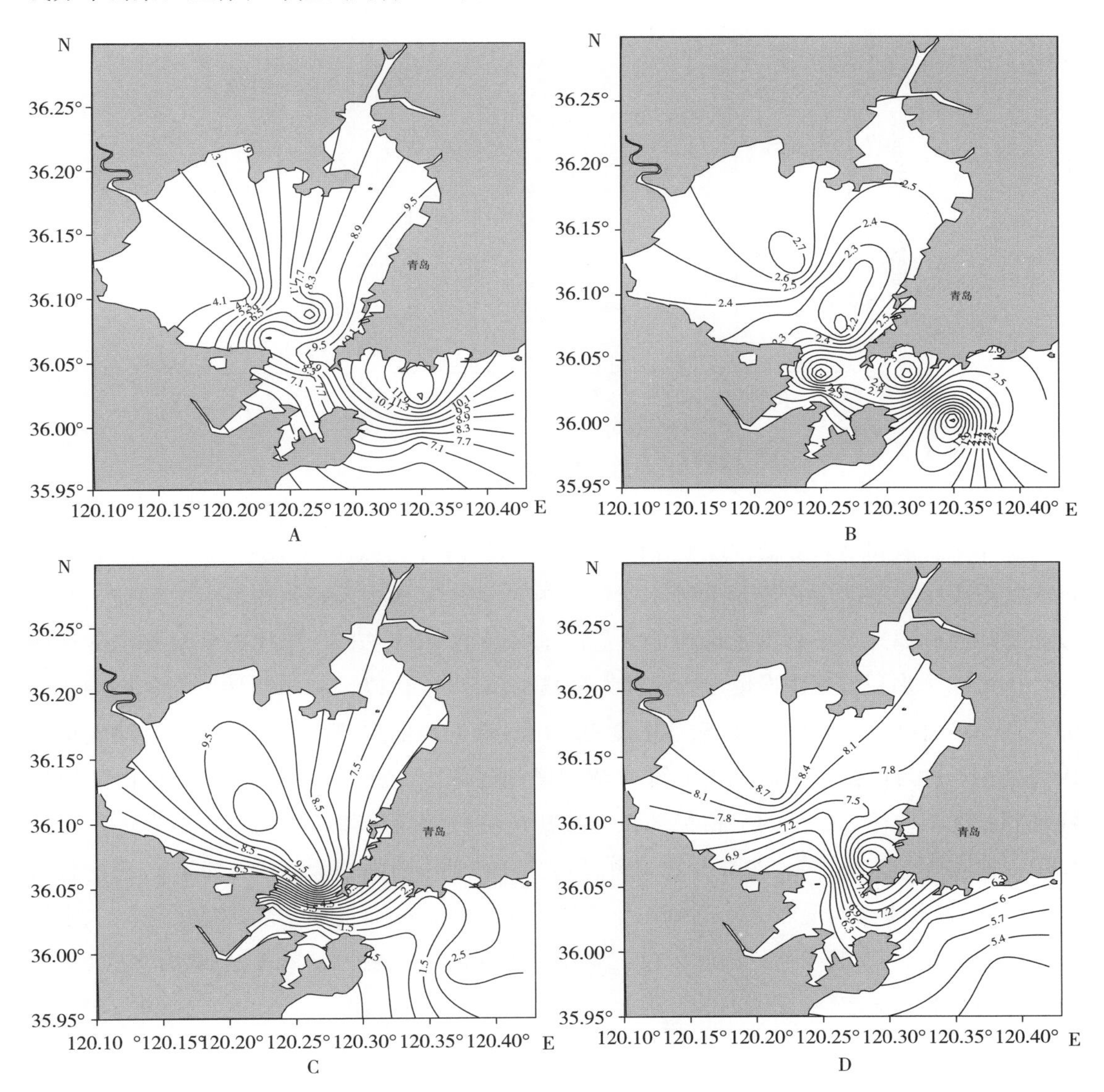

图 3－5　胶州湾及邻近海域硅酸盐空间分布（μmol/dm³）

A. 冬季　B. 春季　C. 夏季　D. 秋季

二、季节和年际变化

2011 年胶州湾及邻近海域硅酸盐浓度的季节变化如图 3－6 所示。胶州湾海域的硅酸盐平均浓度在不同季节间差异较大，冬季硅酸盐平均浓度最高，为（6.94±2.01）μmol/dm^3；秋季平均浓度次之，为（6.72±1.40）μmol/dm^3；春季硅酸盐平均浓度最低，为（2.40±0.50）μmol/dm^3。

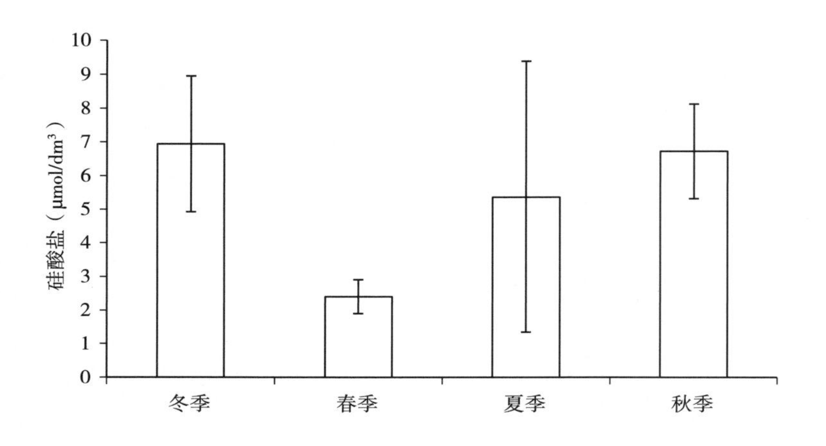

图 3-6　胶州湾及邻近海域硅酸盐季节变化

近年来，胶州湾营养盐浓度变化的重要特征表现在硅酸盐浓度及所占比例逐渐增加。硅酸盐浓度主要受河流径流量和降水量的影响，大沽河是注入胶州湾最大的河流，其对胶州湾陆源硅输入大小有决定性影响。硅酸盐浓度自 20 世纪 80 年代以来呈现出降低趋势，这可能是水利工程建设使入海泥沙大量减少和 80 年代以来胶州湾地区降水增加造成的。从 90 年代中后期开始，硅酸盐浓度表现出显著升高的趋势。青岛市城市建设大量使用混凝土，这可能是造成胶州湾硅酸盐浓度增加的原因。此外，胶州湾是重要的菲律宾蛤仔养殖区，菲律宾蛤仔的生物扰动在硅酸盐从沉积物向水体转移的过程中发挥了很大作用（孙晓霞等，2011）。2007 年硅酸盐浓度比文献值（沈志良，2002）略高，可能是由于 2007 年青岛市降雨量较大，达到往年均值的 1.6 倍，从而增加了陆源硅的输入（张哲和王江涛，2009）。胶州湾硅酸盐浓度主要由夏季径流所控制，夏季也是胶州湾初级生产力最高的季节（沈志良，2002）。

第四节　化学需氧量

目前，海洋污染主要以石油类和有机物污染为主，化学需氧量（COD）是一个重要而且能较快测定有机物污染的参数，常被作为评价海水水质状况的主要指标之一。

一、空间分布

图 3－7 为胶州湾及邻近海域化学需氧量在各季节的空间分布。胶州湾及邻近海域冬季（2011 年 2 月）化学需氧量浓度范围为 0.37～2.42 mg/dm³，平均浓度为（1.10±0.60）mg/dm³。胶州湾湾口附近海域化学需氧量浓度最低，等值线分布稀疏，由湾口向胶州湾内、外部海域化学需氧量浓度逐渐升高，等值线逐渐密集。胶州湾湾内北部沿岸海域化学需氧量浓度等值线分布稀疏，化学需氧量浓度相对较高。

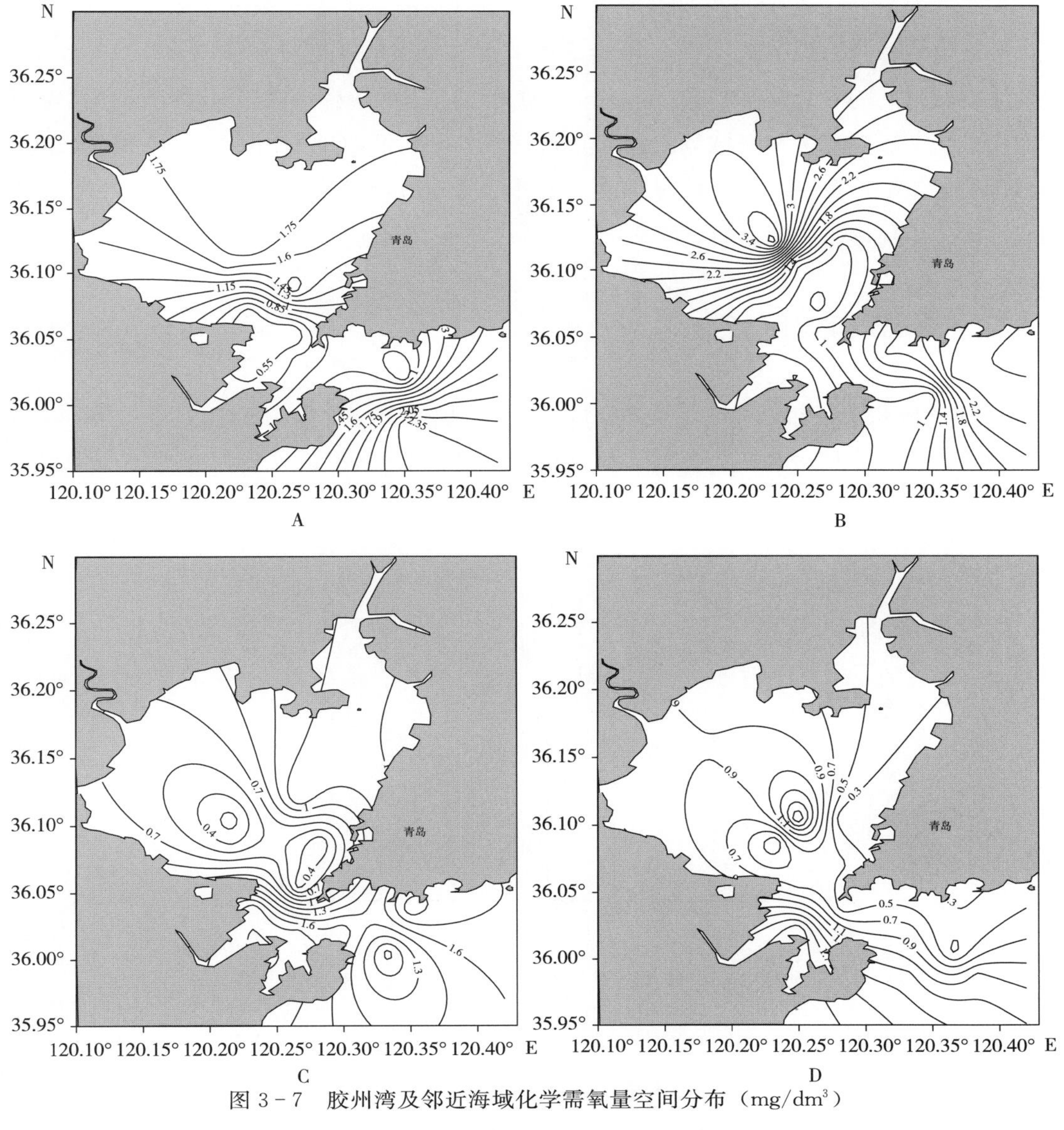

图 3－7　胶州湾及邻近海域化学需氧量空间分布（mg/dm³）

A. 冬季　B. 春季　C. 夏季　D. 秋季

胶州湾及邻近海域春季（2011 年 5 月）化学需氧量浓度范围为 0.38～3.90 mg/dm³，平均浓度较高，为（1.39±0.99）mg/dm³。春季胶州湾化学需氧量等值线的分布大致与冬季相同，即胶州湾湾口、胶州湾湾内北部近岸海域等值线分布稀疏，胶州湾中部海域及湾外海域等值线分布较密集。胶州湾湾内西北部海域化学需氧量浓度最高，至胶州湾湾口附近海域浓度逐渐降低，变化较大。

胶州湾及邻近海域夏季（2011 年 8 月）化学需氧量浓度范围为 0.18～2.01 mg/dm³，平均浓度为（1.08±0.66）mg/dm³。胶州湾湾内化学需氧量浓度较低，胶州湾口、湾外化学需氧量较高。胶州湾内中部海域存在低值等值线闭合区，胶州湾湾口附近等值线分布密集，变化大。胶州湾外部海域也存在等值线闭合区，总体浓度较高。

胶州湾及邻近海域秋季（2011 年 11 月）化学需氧量浓度范围为 0.11～2.09 mg/dm³，平均浓度较低，为（0.85±0.64）mg/dm³。胶州湾沿岸海域等值线分布稀疏，化学需氧量浓度较低，胶州湾中部海域等值线分布较密集，存在低浓度等值线闭合区和高浓度等值线闭合区，浓度变化较大。胶州湾湾口至外部湾外海域等值线大致呈东北-西南走向，即东北部化学需氧量浓度低而西南部化学需氧量较高（图 3-7）。

二、季节和年际变化

2011 年胶州湾及邻近海域化学需氧量平均浓度的季节变化如图 3-8 所示。春季化学需氧量平均浓度最高，其次为冬季，夏季和秋季平均浓度较低。总体上各季节化学需氧量平均浓度变化范围不大。

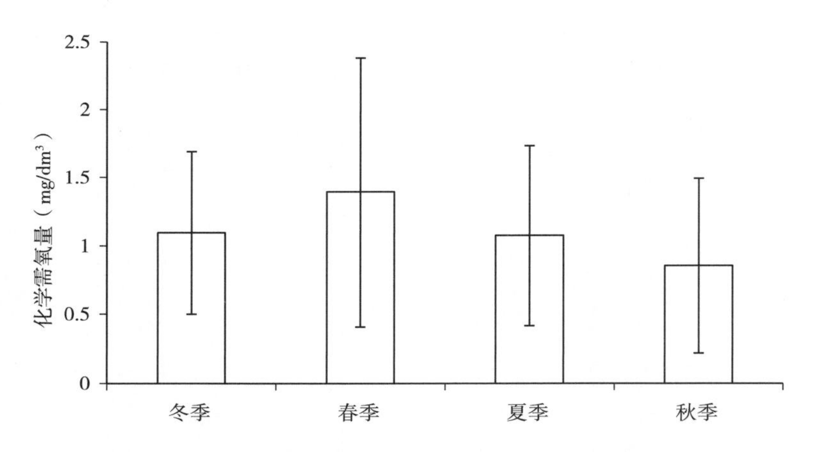

图 3-8 胶州湾及邻近海域化学需氧量季节变化

历史研究表明，从 20 世纪 80 年代初至 21 世纪初，胶州湾海域化学需氧量平均浓度总体上无明显变化。80 年代初的化学需氧量年平均浓度接近 1.00 mg/dm³，远低于国家一类海水水质标准（2 mg/dm³）。到 80 年代末增加到 1.70 mg/dm³ 左右，之后略有下降。

自80年代至21世纪初，胶州湾海域化学需氧量高值区面积逐渐减少，呈现出胶州湾东北部和西部高、中间低的分布特征（张拂坤，2007）。

化学需氧量浓度主要受入海径流影响。因此，在空间分布上胶州湾水域的化学需氧量高值区主要集中在几个河口区附近，以大沽河口和海泊河口为甚（郭耀同，1997）。环胶州湾的海泊河、李村河等是青岛市区排放富含化学需氧量的工业废水及生活污水进入胶州湾的主要河口，大沽河、墨水河流域近年来污染较重，经此河口排入胶州湾的污水量增加。这些河口成为排放有机废水进入胶州湾的主要污染源。胶州湾海上排放的化学需氧量废水主要来自于海水养殖，其主要养殖品种包括扇贝、对虾和鱼类等（张拂坤，2007）。

第五节　磷酸盐

磷元素是陆地、海洋生态系统中的重要营养元素之一，氮磷钾元素的适宜比例是所有生物组织发育中的必要条件（Vos et al，2011）。磷元素以矿藏形式，经过多种复杂的化学、生物、动力过程最终沉积在海洋沉积物中，这种磷循环的年通量目前仍不完全清楚（Compton et al，2000）。磷元素基本以溶解态和颗粒态的形式存在于海洋中，活性磷酸盐在海洋光合作用中起到关键作用，磷的利用也影响到海洋、大气的碳循环过程（Paytan et al，2007）。

一、空间分布

图3-9为胶州湾及邻近海域磷酸盐浓度在各季节的空间分布。胶州湾及邻近海域冬季（2011年2月）磷酸盐浓度变化范围为0.19～0.61 μmol/dm^3，平均浓度为（0.42±0.12）μmol/dm^3，平均浓度较低。整体上，胶州湾湾内磷酸盐浓度较高，胶州湾湾外海域磷酸盐浓度较低。胶州湾湾内由东北部至西南部海域磷酸盐浓度呈现降低的趋势，胶州湾湾内和湾口附近海域存在多个等值线闭合区。胶州湾外部海域磷酸盐浓度分布较规律，由胶州湾湾口至湾外海域浓度逐渐降低。

胶州湾及邻近海域春季（2011年5月）磷酸盐的浓度变化范围为0.30～0.62 μmol/dm^3，平均浓度为（0.47±0.10）μmol/dm^3，平均浓度较低。春季胶州湾磷酸盐等值线分布规律大致与冬季相同，即胶州湾湾内中部海域存在多个等值线闭合区，磷酸盐浓度变化较大，胶州湾沿岸海域等值线分布稀疏。胶州湾湾内东部沿岸海域出现磷酸盐浓度最低值，胶州湾中部海域出现磷酸盐浓度最高值。

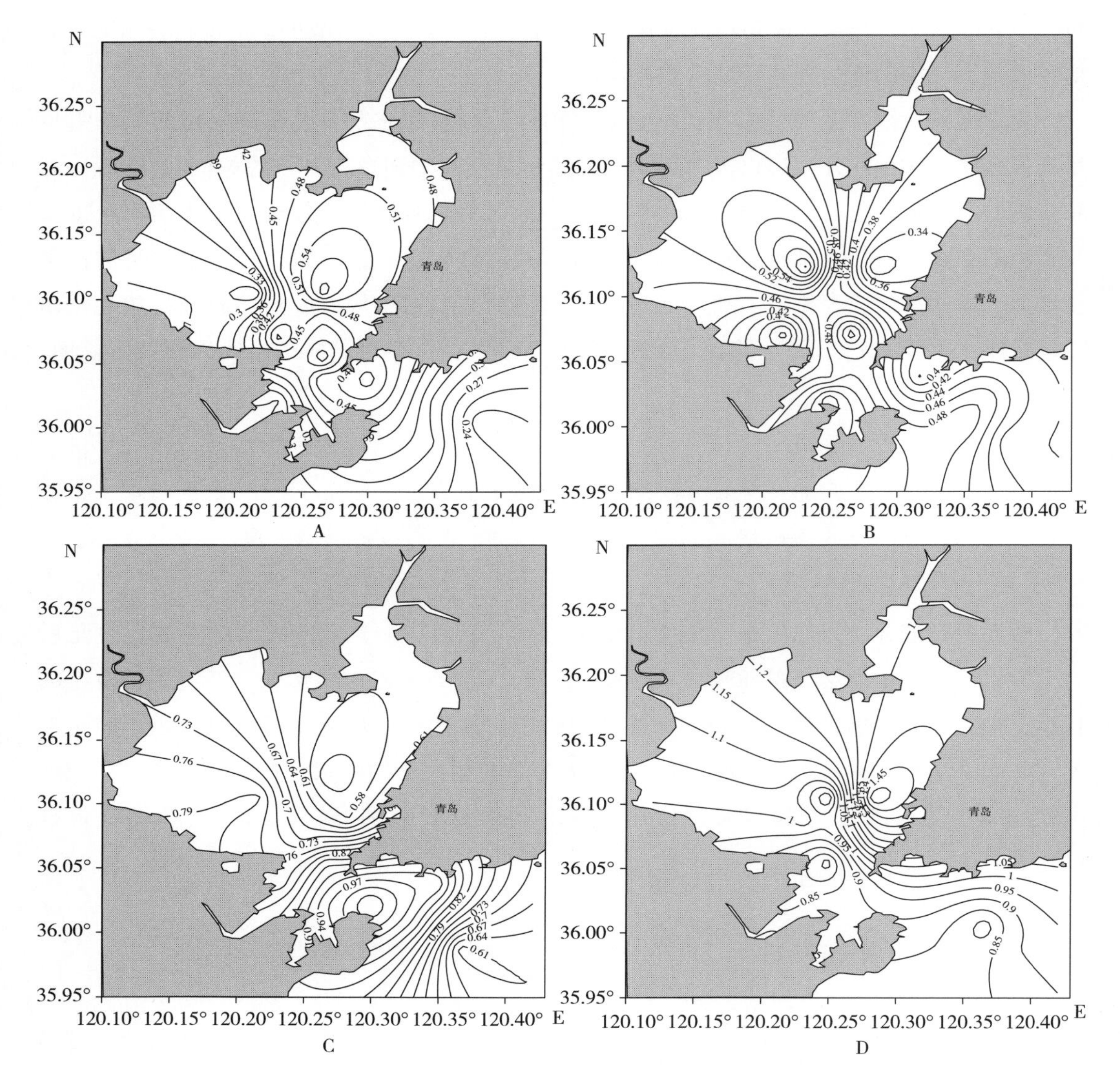

图 3-9　胶州湾及邻近海域磷酸盐空间分布（μmol/dm³）

A. 冬季　B. 春季　C. 夏季　D. 秋季

胶州湾及邻近海域夏季（2011 年 8 月）磷酸盐浓度变化范围为 0.53～1.06 μmol/dm³，平均浓度为（0.79±0.16）μmol/dm³，平均浓度较高。胶州湾内沿岸水域等值线分布稀疏，中部海域及湾口附近海域等值线分布较密集。胶州湾东部海域磷酸盐浓度最低，由东部向西部海域、南部湾口附近海域磷酸盐浓度逐渐升高。胶州湾湾口海域磷酸盐浓度最高，存在等值线闭合区，由湾口附近海域至湾外东南部，磷酸盐浓度逐渐降低。

胶州湾及邻近海域秋季（2011 年 11 月）磷酸盐浓度变化范围为 0.72～1.54 μmol/dm³，平均浓度为（0.98±0.21）μmol/dm³，平均浓度较高。整体上，胶州湾海域磷酸盐浓度等值线大致呈西北-东南走向，即东北部海域磷酸盐浓度较高，西南部海域较低。胶州湾湾口附近等值线分布密集，且有等值线闭合区，变化较大。胶州湾东部海域 120.30°E 附近出现磷酸盐浓度最大值，湾口 36.05°N 出现浓度最低值。整体上，胶州湾内磷酸盐浓度高于胶州湾湾外（图 3－9）。

二、季节和年际变化

2011 年胶州湾及邻近海域磷酸盐平均浓度季节变化如图 3－10 所示。胶州湾海域磷酸盐平均浓度呈现出明显的季节变化，冬季、春季磷酸盐平均浓度相近且较低，其浓度分别为（0.42±0.12）μmol/dm^3 和（0.47±0.10）μmol/dm^3，夏季磷酸盐平均浓度为（0.79±0.16）μmol/dm^3，秋季浓度最高为（0.98±0.21）μmol/dm^3。总体上，2011 年四个季度磷酸盐浓度逐渐升高，但升高幅度不大。磷酸盐浓度的季节变化规律与赵淑江（2002）的研究结果一致。

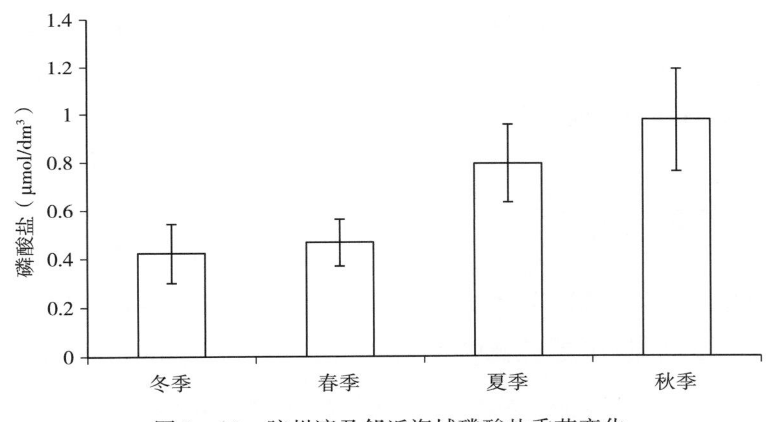

图 3－10 胶州湾及邻近海域磷酸盐季节变化

磷酸盐在胶州湾海域的分布呈现出一定的规律，在胶州湾东部、东北部和西北部水域浓度最高，向湾中心减小，其主要来源为胶州湾东部的海泊河、李村河等水系（孙耀等，1993）。磷酸盐浓度的季节变化明显，高值一般出现在秋季，最低值一般出现在春季，受浮游植物及有机磷再生作用影响较大（张哲和王江涛，2009）。

20 世纪 50 年代至 21 世纪初的统计资料表明（沈志良，2002；吴玉霖，2005），在最近几十年内，胶州湾的磷酸盐浓度呈现迅速增加的态势，从 20 世纪 60 年代（1962—1963 年）至 80 年代（1983—1986 年）和 60 年代至 90 年代（1991—1998 年），磷酸盐浓度分别增加了 2.1 倍和 1.4 倍。60 年代，在胶州湾磷酸盐含量很低，N/P 为 15.9，水质良好且适于浮游植物生长；磷酸盐浓度在 80 年代初达到最高值，其后逐渐下降并基本稳定（沈志良，2002）。废水排放和海水养殖是造成胶州湾水域磷酸盐等营养盐浓度上升的两个重要原因，随着工业水平的发展，青岛市废水排放总量增加，同时人类活动造成胶州湾水域面积减小，自净能力下降，加速了营养盐的累积（吴玉霖，2005）。

第六节　无机氮

氮是藻类生长必需的营养元素，构成浮游植物细胞的蛋白质分子，并参与生物的新陈代谢，也是部分海区初级生产力的主要限制因子之一（李文权 等，1993）。海水中无机氮有亚硝酸盐、硝酸盐和铵三种存在形式，它们相对数量的变化也会直接影响海洋植物的生长和繁殖，但过量的无机盐会对海洋生态系统造成负面影响。近几十年来，随着人口数量增长、工业化、城市化进程加快，自河流和大气向海洋中输入的营养盐不断增多。海水中过度累积的无机氮、无机磷造成的富营养化和赤潮是近年来海洋中出现的生态环境异常现象之一，特别是在河口、海湾、水交换不良的内湾和港湾海域，赤潮的发生次数逐年增加（孙丕喜 等，2003）。因此，研究胶州湾无机氮浓度的时空分布，对保护和改善胶州湾海域水质环境具有重要意义。

一、空间分布

图 3-11 为胶州湾及邻近海域无机氮浓度在各季节的空间分布。胶州湾及邻近海域冬季（2011 年 2 月）无机氮浓度变化范围为 12.80～21.18 μmol/dm³，平均浓度为（16.60±2.99）μmol/dm³，平均浓度较低。胶州湾西北部近岸海域等值线分布稀疏，胶州湾中部海域及湾口等值线分布密集且有多个等值线闭合区。胶州湾湾内中部海域及湾外海域无机氮浓度较高，湾口附近海域无机氮浓度较低。

胶州湾及邻近海域春季（2011 年 5 月）无机氮浓度变化范围为 19.31～114.49 μmol/dm³，平均浓度为（38.85±24.49）μmol/dm³，平均浓度较低，变化较大。胶州湾湾口 120.25°E 附近等值线分布密集，变化较大。胶州湾湾内海域等值线分布稀疏，大部分海域无机氮浓度处于平均水平。胶州湾湾外无机氮浓度最低。

胶州湾及邻近海域夏季（2011 年 8 月）无机氮的浓度变化范围为 32.13～210.24 μmol/dm³，平均浓度为（145.28±55.52）μmol/dm³，平均浓度较高，变化梯度大。胶州湾湾内北部海域至湾口附近海域无机氮浓度逐渐降低，湾口附近海域存在两个低浓度等值线闭合区，且等值线分布密集。由湾口向湾外附近海域，无机氮浓度逐渐升高。

胶州湾及邻近海域秋季（2011 年 11 月）无机氮的浓度变化范围为 60.80～

164.42 μmol/dm³，平均浓度为（130.67±33.02）μmol/dm³，平均浓度较高，整体上各站位浓度均较高。胶州湾湾内东北部海域无机氮浓度较高，等值线分布稀疏，向西南部及湾口附近海域递减。湾口附近及湾外附近海域等值线分布密集，变化大，其浓度普遍低于胶州湾湾内海域（图 3－11）。

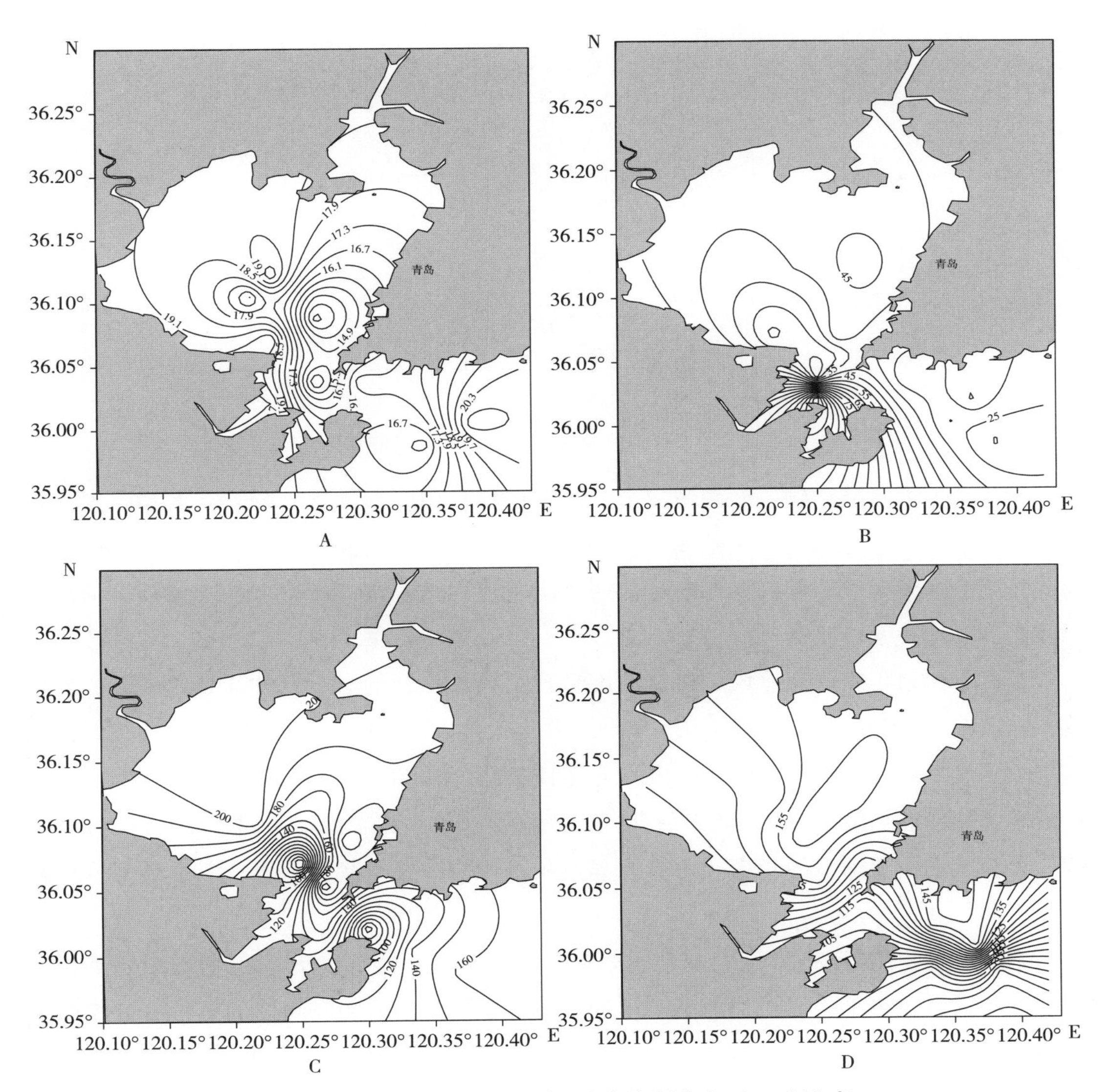

图 3－11 胶州湾及邻近海域无机氮空间分布（μmol/dm³）

A. 冬季 B. 春季 C. 夏季 D. 秋季

二、季节和年际变化

2011 年胶州湾及邻近海域无机氮平均浓度的季节变化如图 3－12 所示。冬季胶州湾海域无机氮平均浓度最低为（16.60±2.99）μmol/dm³，春季无机氮平均浓度为（38.85±24.49）μmol/dm³，夏季无机氮平均浓度最高为（145.28±55.52）μmol/dm³，秋季无机氮平均浓度为（130.67±33.02）μmol/dm³。胶州湾无机氮浓度季节变化大，主要表现在冬、春季无机氮浓度低；而夏、秋季无机氮浓度高。

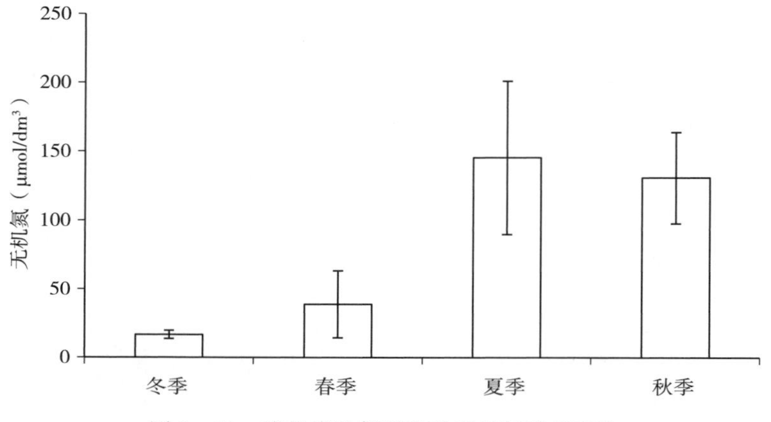

图 3-12　胶州湾及邻近海域无机氮季节变化

无机氮主要受陆源输入、潮汐混合、浮游植物利用、有机物分解和降水等因素的影响。无机氮季节变化明显，一般秋季较高，春季较低（张哲和王江涛，2009）。据统计，每年排入胶州湾海域的无机氮有近万 t，平均浓度为 0.39 mg/dm³，为三类水质，局部海域达到四类水质（李欣钰 等，2016）。

近几十年来，胶州湾海域无机氮浓度呈现出持续增长的态势（沈志良，2002；吴玉霖 等，2005；李虹颖，2010）。从 20 世纪 60 年代至 90 年代，胶州湾水域中无机氮的浓度增加了 3.9 倍，胶州湾无机氮增加的主要时期是 20 世纪 60～80 年代；而 2001—2003 年的硝酸盐和铵含量又比 20 世纪 90 年代几乎翻了一番（沈志良，2002）。1981—2008 年间，无机氮在不同季节的年变化率有差异，秋季最高；夏季次之；春、冬季最低（李虹颖，2010）。

硝酸盐是胶州湾海域中无机氮的主要存在形态，而在 20 世纪 80、90 年代，铵所占比例能够达到 70%左右，是胶州湾溶解氮的主要存在形态，表明胶州湾的无机氮处于热力学不平衡状态（沈志良，2002）。胶州湾海水中的铵大部分是外源性的，仅一部分参与浮游植物物质循环。根据铵吸收动力学的研究，浮游植物对氨的吸收远高于硝酸盐，在夏季胶州湾铵周转一次仅需要 16 h（焦念志 等，1993）。这是由于胶州湾水浅，浮游生物较丰富，铵来不及转化成硝酸盐而与浮游植物形成直接循环，在中国一些近海，如渤海湾夏、秋季也有类似情况（沈志良，1999）。从 2001 年开始铵所占的比例开始下降，到 2005 年硝酸盐的含量超过铵含量，硝酸盐成为无机氮的主要存在形态；而亚硝酸盐的含量一直较为稳定（孙晓霞 等，2011）。

第七节　水质评价

富营养化评价采用富营养化指数（EI）法。参考《渔业水质标准》（GB 11607—89）和《海水水质标准》（GB 3097—1997）、日本1973年规定的海水水质标准，并结合藻类培养实验，拟定COD浓度为1～3 mg/dm^3、DIN浓度0.2～0.3 mg/dm^3、DIP浓度0.045 mg/dm^{3}作为富营养化的阈值范围。EI指数计算公式如下（冈市友利，1972；邹景忠 等，1983）：

$$EI = \frac{COD \times DIN \times DIP}{4\,500} \times 10^6$$

式中　EI——富营养化指数；

COD——化学需氧量含量（mg/dm^3）；

DIN——溶解无机氮含量（mg/dm^3）；

DIP——溶解无机磷含量（mg/dm^3）。

当EI值大于1时，表明水体呈富营养化。EI值越高，水体富营养化越严重。

2011年胶州湾不同季节富营养化指数见表3-1。仅在冬季、春季部分站位富营养化指数小于1，即未到达富营养化水平，其余站位以及夏季、秋季的全部调查站位，胶州湾海域均达到了富营养化水平，且富营养化指数超标严重。从各季节富营养化指数平均水平看出，夏、秋季胶州湾富营养化水平最严重，其次为春季，冬季富营养化水平较轻。

表3-1　胶州湾及邻近海域富营养化指数

季节	富营养化指数		
	最小值	最大值	平均值
冬季	0.32	10.84	3.73
春季	0.54	55.86	10.01
夏季	4.55	226.74	67.89
秋季	1.30	297.78	62.71

第四章 海洋生物环境

第一节　叶绿素 a 和初级生产力

海洋初级生产力反映了海域浮游植物通过光合作用生产有机碳的能力，是食物链的第一环，与海洋生态系统的能量流动和物质循环密切相关，是生态系统功能的一种表现，它的变化在很大程度上决定着海洋生物资源的兴衰。叶绿素 a 是浮游植物进行光合作用最主要的色素，是浮游植物现存量的一个良好指标，反映了水体中浮游植物的生物量及其变化规律（李超伦 等，2005；蔡玉婷，2010）。

初级生产力的高低与叶绿素 a 浓度有着密切的关系，也受到诸多海洋环境因素的制约，同时，初级生产力又限制着生态系统中潜在的次级生产力乃至渔业资源的补充能力。因此，叶绿素 a 和初级生产力的调查研究是海洋生态系统结构与功能研究的基础环节，也是海洋生物资源开发和可持续利用研究的重要内容之一（金显仕 等，2005）。

一、叶绿素 a

根据 2011 年季度调查，胶州湾及邻近海域叶绿素 a 的全年总平均含量为（2.34±2.47）mg/m³，在全年 48 个调查站位中，有 15 个站位的叶绿素 a 值大于均值 2.34 mg/m³，33 个站位小于 2.34 mg/m³。叶绿素 a 的变化范围为 0.20～13.34 mg/m³。春、夏、秋、冬四个季节的叶绿素 a 平均值分别为 1.95 mg/m³、4.95 mg/m³、0.79 mg/m³ 和 1.66 mg/m³，夏季最高，秋季最低。

（一）空间分布

1. 表层

胶州湾及邻近海域表层叶绿素 a 的空间分布见图 4－1。整体来看，胶州湾中部叶绿素 a 浓度较高，湾内高于湾外。

冬季（2011 年 2 月）叶绿素 a 浓度的变化范围为 0.69～3.20 mg/m³，高值区位于胶州湾中部靠近湾口的水域，向胶州湾西部、湾口和湾外区域递减。

春季（2011 年 5 月）叶绿素 a 浓度的变化范围为 0.35～3.14 mg/m³，仍然呈现胶州湾东北部高，西南部、湾口及湾外低的分布格局。

夏季（2011 年 8 月）叶绿素 a 浓度达到一年中的峰值，变化范围为 1.22～13.34 mg/m³，空间分布上有两个高值区出现，分别在胶州湾湾内西南部和湾外北部，湾口北部和湾外南部分别有两个低值闭合区。

秋季（2011 年 11 月）叶绿素 a 浓度下降，变化范围为 0.32～0.99 mg/m³，但湾内、湾口和湾外均有高值区出现，湾内西北部高于东南部，湾口南部高于北部，湾外北部向外递减。

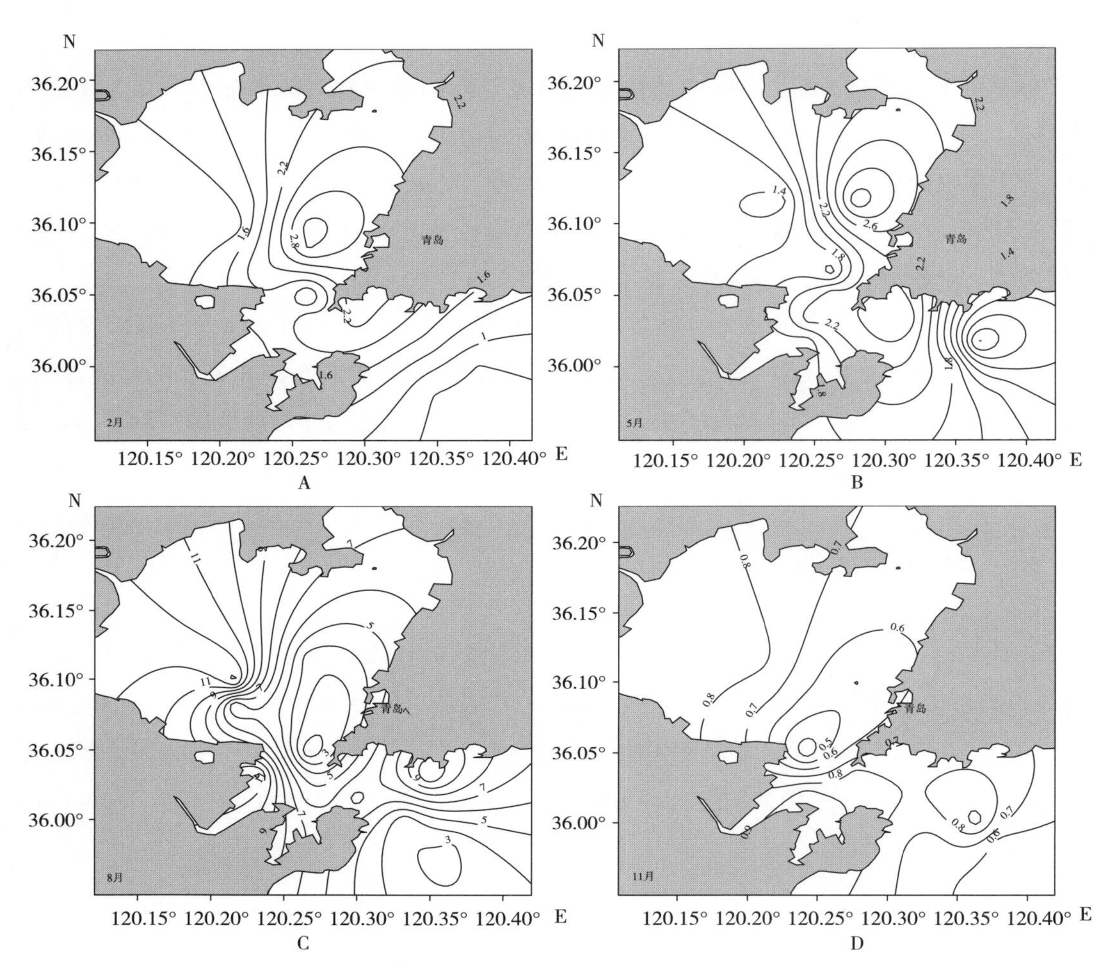

图 4－1　胶州湾及邻近海域表层叶绿素 a 空间分布（单位：mg/m³）

A. 冬季　B. 春季　C. 夏季　D. 秋季

2. 底层

胶州湾及邻近海域底层叶绿素 a 的分布见图 4－2。整体来看，胶州湾湾内东南部、靠近湾口的水域叶绿素 a 浓度较高，湾内高于湾外。

冬季（2011 年 2 月）叶绿素 a 浓度的变化范围为 0.70～2.42 mg/m³，空间分布有两个高值闭合区，分别在湾内东南部和湾口中部，西南部和湾外浓度较低。

春季（2011 年 5 月）叶绿素 a 浓度的变化范围为 0.77～5.33 mg/m³，由西南向东北水域递减，湾中部有低值闭合区。

夏季（2011 年 8 月）叶绿素 a 浓度的变化范围为 0.20～8.31 mg/m³，分布规律与春季较为相似，但湾外出现一个小的高值区。

秋季（2011 年 11 月）叶绿素 a 的变化范围为 0.63～1.55 mg/m^3，湾内浓度整体较低，高值区出现在湾口外。

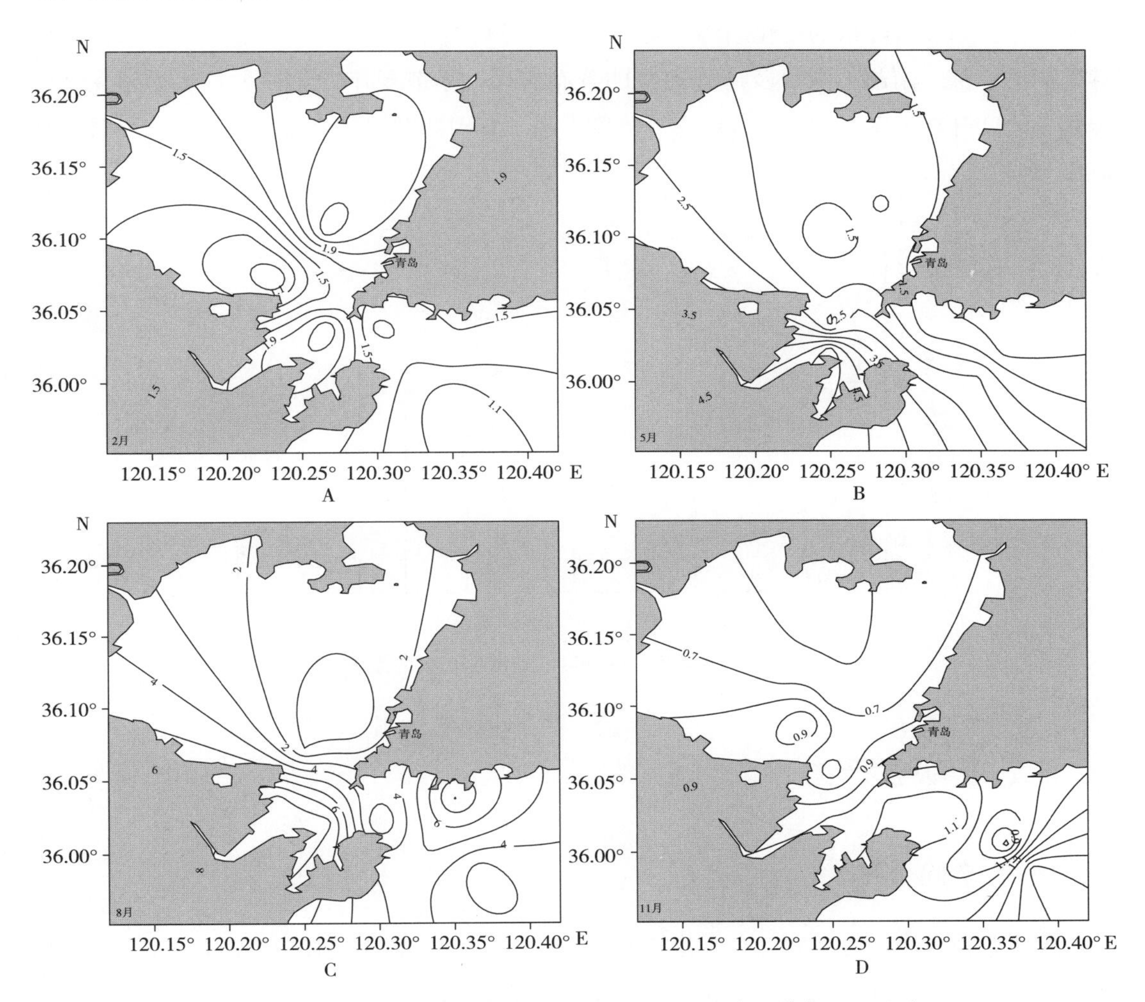

图 4－2　胶州湾及邻近海域底层叶绿素 a 空间分布（单位：mg/m^3）

A. 冬季　B. 春季　C. 夏季　D. 秋季

（二）季节和年际变化

胶州湾及邻近海域表层叶绿素 a 浓度的周年变化幅度为 0.32～13.34 mg/m^3，平均值为 2.59 mg/m^3。平均表层叶绿素 a 浓度有明显的季节变化，夏季最高，达到 6.05 mg/m^3，在春季为 1.83 mg/m^3，在冬季为 1.78 mg/m^3，秋季叶绿素浓度最低为 0.68 mg/m^3（图 4－3）。

底层叶绿素 a 含量的周年变化幅度为 0.20～8.31 mg/m^3，平均值为 2.09 mg/m^3。平均底层叶绿素 a 的含量有明显的季节变化，夏季最高，达到 3.84 mg/m^3，春季叶绿素 a

浓度为2.07 mg/m³，冬季浓度为1.53 mg/m³，秋季叶绿素a浓度最低为0.91 mg/m³（图4-3）。

历史资料表明，1984—2008年胶州湾叶绿素a浓度呈现出一种波动的变化规律，没有明显的升高或者降低的变化趋势；空间分布格局基本保持胶州湾东北部和西北部较高，逐渐向湾中部、南部、湾口及湾外递减的分布规律；季节规律变化较大，冬季和夏季叶绿素a浓度升高，春季和秋季叶绿素a浓度下降，双周期型的季节变化特点更为显著（孙晓霞 等，2011）。

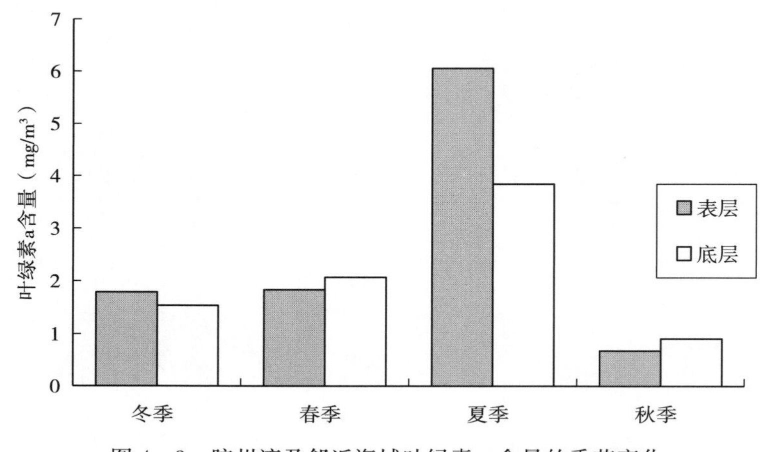

图4-3 胶州湾及邻近海域叶绿素a含量的季节变化

二、初级生产力

（一）空间分布

胶州湾初级生产力空间分布变化较大，1991—1993年表现为胶州湾湾口外高于湾内，湾内中西部区高于其他浅海区（王荣 等，1995）；2003—2004年表现为湾北部较高，湾中部次之，湾口和湾外较低（孙松 等，2005）；可见，胶州湾初级生产力高值区逐渐由湾外向湾内推移。

图4-4为2011年各季节的胶州湾初级生产力的空间分布。冬季（2011年2月），胶州湾初级生产力（以有机碳C含量计）的变化范围为128.97～339.35 mg/（m²·d），湾内高于湾外，湾内有一个高值闭合区。

春季（2011年5月）初级生产力（以有机碳C含量计）的变化范围为96.06～616.89 mg/（m²·d），分布格局与冬季类似，湾内高于湾外，湾内存在一个高值闭合区，湾外有一个低值闭合区。

夏季（2011年8月）初级生产力（以有机碳C含量计）的变化范围为301.18～

2 267.30mg/（m² · d)，由湾内向湾口处递减，湾外略有升高。

秋季（2011 年 11 月）初级生产力（以有机碳 C 含量计）的变化范围为 75.89～206.95 mg/（m² · d)，湾口处等值线密集，变化较为剧烈，最高值和最低值均出现在湾口附近海域，向湾外逐渐减小，向湾内逐渐增加（图 4－4)。

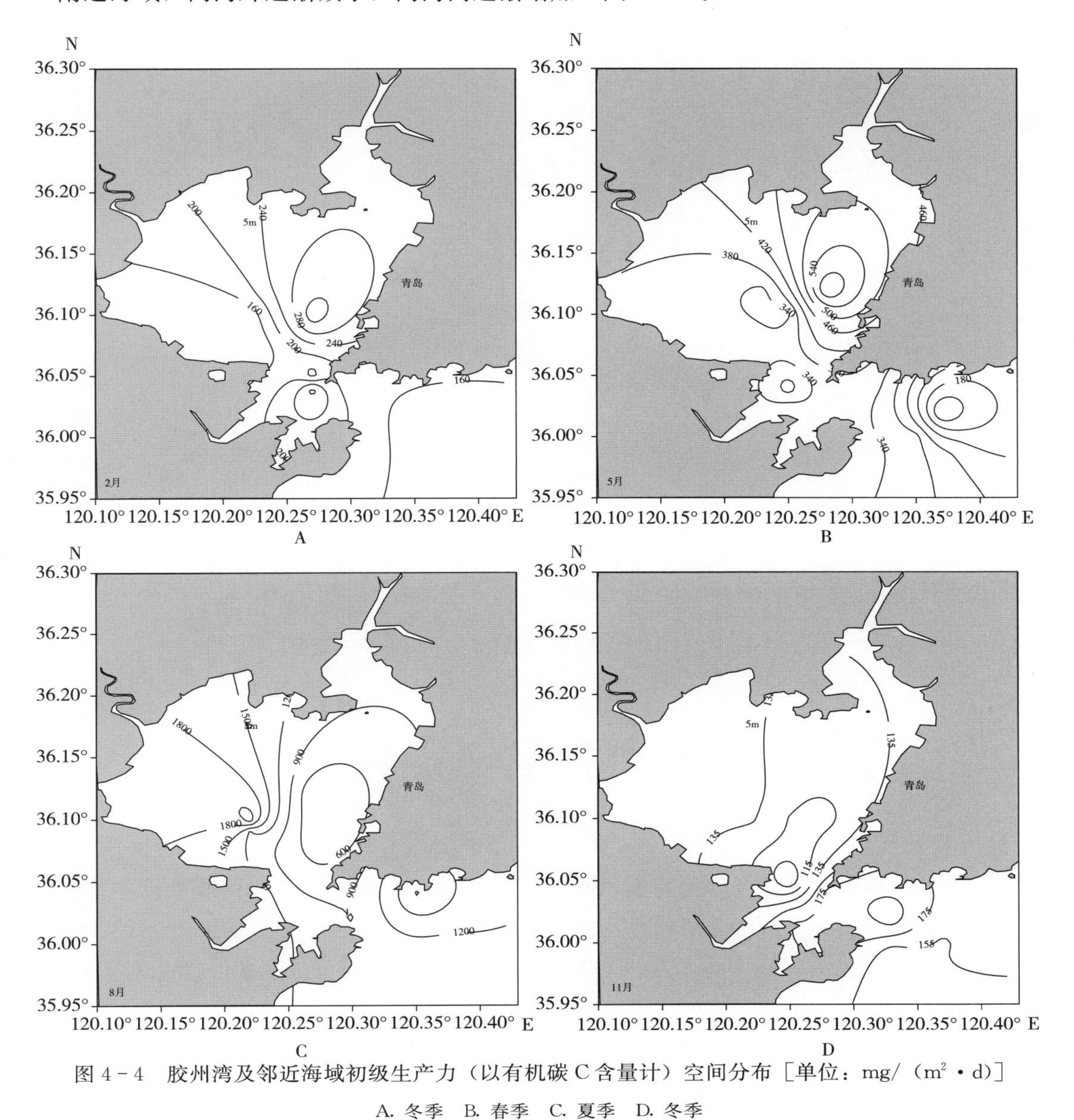

图 4－4　胶州湾及邻近海域初级生产力（以有机碳 C 含量计）空间分布［单位：mg/（m² · d)］

A. 冬季　B. 春季　C. 夏季　D. 冬季

（二）季节和年际变化

历史资料表明，胶州湾初级生产力（以有机碳 C 含量计）的季节变化规律基本以夏季最高，一般在 800～1 000 mg/（m² · d)，春、秋季次之，冬季最低（孙松 等，2005；孙晓霞等，2011)。2011 年胶州湾初级生产力的变化范围为 75.89～2 267.30 mg/（m^2 · d），年平均值为 441.61 mg/（m^2 · d)。夏季形成明显的高峰，平均值达到 1 053.36 mg/（m^2 · d)；春季为 339.39 mg/（m^2 · d)；冬季和秋季较为接近，分别为 196.12 mg/（m^2 · d）和 144.29 mg/（m^2 · d)。

胶州湾初级生产力大小受水温、光合作用速率及真光层的影响，自 20 世纪 80 年代以来呈现出一定的周期性波动。1993 年、2004 年和 2008 年的初级生产力（以有机碳 C 含量计）较高，最高可达 567.42 mg/（m^2 · d)；1998 年和 2006 年则较低，但总体水平没有显著上升或下降的趋势（孙晓霞 等，2011)。

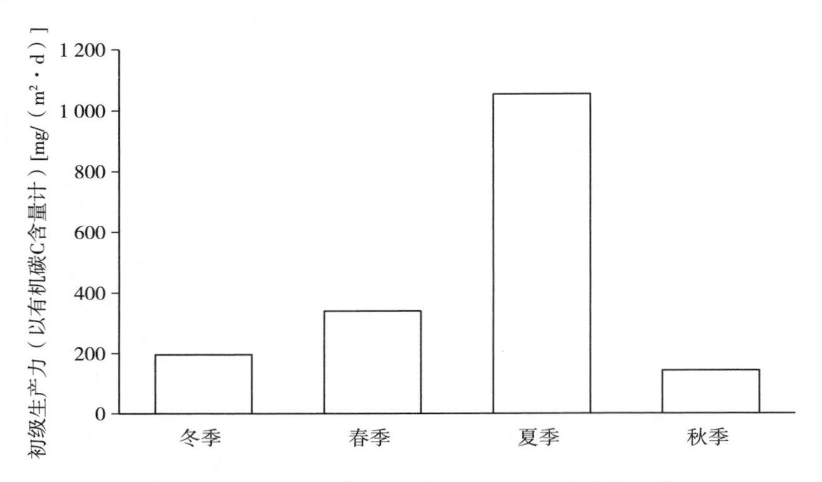

图 4－5　胶州湾及邻近海域初级生产力的季节变化

第二节　浮游植物

海洋浮游植物通过光合作用将无机物转化为有机物，是海洋生态系统中最主要的初级生产者和驱动因子，在海洋生态系统的物质循环和能量流动中发挥着关键作用（刘东艳 等，2003)。由于浮游植物个体微小，一般为几个微米到数百微米，容易受营养盐、水温、盐度等理化因子和摄食、种间竞争等生物因子的影响，导致其数量上的动态变化。例如，胶州湾湾内无机盐含量的变化和捕食性浮游动物的滤食，是影响浮游植物群落结构变化的主要因素（吴玉霖 等，2004)；其次，浮游植物是海洋动物的直接或间接饵料，对海洋生物资源变化起着极为重要的作用，浮游植物种类和数量的变化会通过食物链影响海洋生态系统结构与功能的改变。浮游植物群落的各种参数变化可以在一定程度上反映出环境变化的情况，常用来作为评价环境质量状况的指标和依据。同时，由于浮游植物的分布直接受海水运动的影响，因此，浮游植物可作为海流、水团的指示生物。除此之外，浮游植物较强的富集污染物能力被广泛用于海洋生态环境保护的研究与应用中（孙松，2002；孙晓霞 等，2011）。

一、种类组成

不同调查研究均表明，胶州湾浮游植物种类以硅藻和甲藻两大类群为主。2003年调查表明，胶州湾浮游植物群落主要由硅藻和甲藻两大类群组成，生态类型主要以近岸广布种和暖温种为主，在不同季节也出现了少数暖水种和外洋种（如粗根管藻（*Rhizosolenia robusta*）（李艳 等，2005；郑珊 等，2014）。

根据2001年8月在胶州湾进行的大面积调查资料，胶州湾浮游植物共163种，其中，硅藻48属142种（包括变种）、甲藻8属20种、金藻1属1种。种类较多的属有角毛藻属（*Chaetoceros*）31种、圆筛藻属（*Coscinodiscus*）26种、根管藻属（*Rhizosolenia*）9种、菱形藻属（*Nitzschia*）和伪菱形藻属（*Pseudo-nitzschia*）各8种。由此可见，胶州湾海域浮游植物群落以硅藻和甲藻两大类为主，特别是硅藻在种类数量上占绝对优势。与20世纪80年代相比，海水中的营养盐浓度和结构都已经发生改变，并导致浮游植物群落结构发生变动，群落物种多样性降低（刘东艳 等，2003）。

2010年胶州湾网采浮游植物调查的种类组成主要以硅藻和甲藻为主，最重要的物种依然为硅藻，以尖刺拟菱形藻（*Pseudo-nitzschia pungens*）、奇异菱形藻（*Nitzschia paradoxa*）、星脐圆筛藻（*Coscinodiscus asteromphalus*）和中肋骨条藻（*Skeletonema costatum*）等近岸广布种和暖温种为主。甲藻中也存在一部分优势种，如扁平多甲藻（*Protoperidinium depressum*）、大角角藻（*Ceratium macroceros*）和梭角藻（*Ceratium fusus*）等（郑珊 等，2014）。

二、数量分布及季节、年际变化

（一）数量分布

根据2010年胶州湾网采浮游植物调查，胶州湾浮游植物丰度的空间分布因月份而异（郑珊 等，2014）。1月浮游植物丰度在胶州湾数量水平均较高，湾内的丰度最小，至湾口依次增多，湾外则以离岸近的区域较高；2月湾内丰度最高，远高于其他区域的丰度；3月和4月的丰度水平变化较大，但是分布规律类似，都是湾内东北部丰度高于其他区域；5月则在湾内北部及湾口区域分布较高；6月、8月的分布规律相似，丰度水平略有差异，自湾内西北部向湾口至湾外逐渐减少；7月胶州湾海域浮游植物丰度水平均较低；9月和11月胶州湾湾口浮游植物丰度较高，湾外水域相对较低；10月胶州湾浮游植物丰度总体均较高；12 月则形成湾内和湾外两个高值中心（郑珊 等，2014）。

从总体上看，除了 12 月以外，其余月份的胶州湾及邻近水域浮游植物丰度分布均表现为湾内＞湾口＞湾外，这主要与胶州湾的自然地理条件和人类活动有关。湾内受陆源排放影响较大，再加上养殖区的存在，水体营养盐浓度高于湾口和湾外，有利于浮游植物的生长和繁殖（郑珊 等，2014）。

（二）季节和年际变化

根据 2010 年胶州湾网采浮游植物调查，胶州湾 2010 年浮游植物年平均丰度为 337.5×10^4 个/m^3，季节变化呈双峰分布，表现出明显的“双周期”特征（郑珊 等，2014）。2010 年 1—6 月浮游植物丰度水平很高，除了 3 月和 5 月丰度较低外，其他月份的丰度均很高；其中，2 月浮游植物丰度全年最高，为 $1\ 108\times10^4$ 个/m^3，1 月是全年次高值，为 911×10^4 个/m^3。7—12 月浮游植物丰度水平较低，10 月浮游植物丰度相对较高为 458.7×10^4 个/m^3，其他月份丰度均低于 166×10^4 个/m^3（郑珊 等，2014）。胶州湾浮游植物丰度的季节变化，是胶州湾的水温、营养盐和生物摄食作用等因素综合作用的结果（孙晓霞 等，2011）。

浮游植物的高峰期在时间和丰度上差别很大。与以往研究对比，2010 年浮游植物平均丰度比 20 世纪 70 年代和 90 年代的低，比 2000 年和 2002 年高，表明自 20 世纪 70 年代至 21 世纪初浮游植物丰度呈下降趋势，近年来才逐渐上升（钱树本 等，1983；陈碧鹃 等，2000；刘东艳，2002；李艳 等，2005）。孙晓霞等（2011）研究了 1981—2008 年近 30 年胶州湾网采浮游植物数量的长期变化，认为胶州湾浮游植物数量总体呈现先下降后升高的规律。

三、优势种

2003 年胶州湾浮游植物调查表明，胶州湾浮游植物优势种具有一定的季节变化。春季浮游植物优势种类有角毛藻属（*Chaetoceros* sp.）、丹麦细柱藻（*Leptocv lindrus danicus*）、中肋骨条藻（*Skeletonema costatum*）和冰河拟星杆藻（*Asterionellopsis glacialis*）。此外，窄细角毛藻（*Chaetocero affinis*）在 4 月优势地位尤其突出。夏季优势种除角毛藻属种类外，增加了泰晤士旋鞘藻（*Helicotheca tamesis*）和广温性种类星脐圆筛藻（*Coscinodiscus asteromphalus*），中肋骨条藻和冰河拟星杆藻不再占据优势地位。7 月，甲藻的中角藻（*Ceratium intermedium*）优势度较高。秋季的优势种除角毛藻属和圆筛藻属外，派格棍形藻（*Bacillaria paxillifera*）也逐渐显示出其优势，并在整个冬季中持续其优势地位。冬季角毛藻属和圆筛藻属种类依然为较明显的优势种类，且随着硅藻总数量的下降，具槽帕拉藻（*Paralia sulcata*）优势地位逐渐显现出来（李艳 等，2005）。

根据2004—2008年胶州湾浮游植物调查数据，2月、5月、8月和11月浮游植物优势种组成不同。中肋骨条藻、角毛藻等全年都居优势地位，部分种类为季节性优势种。冬季优势种包括奇异菱形藻、尖刺拟菱形藻等，春季优势种包括丹麦细柱藻、短角弯角藻（*Eucampia zoodiacus*）、夜光藻（*Noctiluca scintillancs*）等，夏季优势种有短角弯角藻、波状石鼓藻（*Lithodesmium undulatum*）、梭角藻等，秋季优势种为星脐圆筛藻等（孙晓霞 等，2011）。

2010年浮游植物调查数据表明，全年优势种为尖刺拟菱形藻和奇异菱形藻。此外，1—3月的优势种有圆筛藻、中肋骨条藻等。春季优势种种数最少，有中肋骨条藻、密联角毛藻（*Chaetoceros densus*）等。浮游植物物种的生态类型多为广布性和温带性种。夏季优势种种类最多，其中，优势度明显的为星脐圆筛藻和梭角藻。秋季优势种包括某些圆筛藻、中肋骨条藻、密联角毛藻等。中肋骨条藻在冬、春两季的优势地位很明显，3月和4月的优势度分别为0.29和0.71。密联角毛藻在6月的优势度为0.45，优势度明显。优势种在不同季节和不同区域表现出明显差异（郑珊 等，2014）。浮游植物优势地位的变化是水温、营养盐和摄食作用等因素综合作用的结果（杨世民 等，2014）。

四、群落物种多样性

郑珊等（2014）研究表明，2010年胶州湾浮游植物群落多样性指数具有明显的月变化。Shannon -Wiener多样性指数12月最高，为2.5；4月多样性指数最低为0.3，全年平均多样性指数为1.9。4月浮游植物群落物种多样性指数最低，这与该月中肋骨条藻的优势度高达0.707占绝对优势有关。同样，7月浮游植物细胞总数量达到全年最低，但是多样性指数为2.4，接近全年的最高值，这可能是由于该月中甲藻的种数较多。

五、评价

钱树本等（1983）研究表明，1978年8月浮游植物高峰值的丰度高达10^9个/m^3，2月次高峰值为10^8个/m^3。刘东艳（2002）调查研究了1995—1996年胶州湾北部的浮游植物丰度分布，1995—1996年浮游植物高峰和次高峰出现在1月和1995年9月，丰度分别为1.4×10^7个/m^3和8.07×10^6个/m^3。陈碧鹃等（2000）调查研究了1998年胶州湾北部的浮游植物分布，结果表明，1998年的高峰值和次高峰值出现在9月和4月，丰度分

别为 1.3×10^8 个/m^3 和 1.5×10^7 个/m^3。李艳等（2005）调查结果表明，2003 年 9 月的高峰值为 6.21×10^6 个/m^3，次高峰值在 2 月，为 5.5×10^6 个/m^3。2010 年胶州湾浮游植物调查与往年网采浮游植物的高峰期及次高峰期的出现时间和丰度均有很大的差别（郑珊 等，2014）。2010 年调查数据比 20 世纪 70 年代和 90 年代的低，但是比 2000 年和 2002 年的高，这说明胶州湾浮游植物数量自 20 世纪 70 年代直到 21 世纪初是一直下降的，近几年来有所上升（郑珊 等，2014）。

孙晓霞等（2011）研究了 1981—2008 年近 30 年胶州湾网采浮游植物数量的长期变化，也认为胶州湾浮游植物数量总体呈现先下降后升高的规律，2000 年以后浮游植物数量的增加尤为显著。在季节变化上，冬季浮游植物数量明显增高，但不同季节的空间分布格局的差异并不显著。近 30 年浮游植物优势种组成发生变化，20 世纪 90 年代之前的优势种，如斯氏几内亚藻（*Guinardia striata*）、印度翼根管藻（*Rhizosolenia alata*）、中华半管藻（*Hemiaulus sinensis*）等种类在 2000 年后逐渐衰退，而中肋骨条藻、旋链角毛藻、星脐圆筛藻、柔弱角毛藻（*Chaetoceros debilis*）、尖刺拟菱形藻、浮动弯角藻（*Eucampia zoodiacus*）则一直占据优势地位，洛氏角毛藻（*Chaetoceros lorenzianus*）、密联角毛藻、波状石鼓藻、叉角藻（*Ceratium furca*）与梭角藻在近些年份成为了新的优势种。

根据孙晓霞等（2011）研究，中肋骨条藻、菱形藻属、角毛藻属、角藻属（*Ceratium* sp.）和波状石鼓藻是胶州湾浮游植物的主要优势类群。自 1981 年以来，其发生的频率和峰值都有明显的变化，以角毛藻的增加最为显著，角藻和波状石鼓藻的增加趋势也十分突出。

第三节　浮游动物

海洋浮游动物是海洋生态系统中一个非常重要的类群，其种类组成、数量分布及种群数量变动与海洋水文、海水化学等环境要素密切相关，在一定程度上对海洋生态系统的能量流动和物质循环的方向和效率有着重要作用，直接或间接制约海洋生产力的发展（孙松 等，2008）。因此，调查研究海洋浮游动物，将为海洋生物资源的开发利用和海洋生态环境的保护提供重要的科学依据和指导作用（金显仕 等，2005）。

2011 年 2 月（冬季）、5 月（春季）、8 月（夏季）和 11 月（秋季）在胶州湾及邻近水域进行了浮游动物采样，采用浅水Ⅰ型浮游生物网（网长 145 cm、网口内径 50 cm、网口面积 $0.2\ m^2$）由底层至表面垂直拖曳采集大型浮游动物样品。本节根据 2011 年调查数据，并结合历史资料，分析了胶州湾浮游动物的种类组成、优势种、群落物种多样性、数量分布、季节变化及年际变化情况。

一、种类组成

根据胶州湾及其邻近水域2011年4个季度调查，共鉴定出大中型浮游动物65种（详见附录一），隶属于6门。其中，原生动物门（Protozoa）1种，占浮游动物总种类数的1.54%；腔肠动物门（Coelenterata）14种，占21.54%；毛颚动物门（Chaetognatha）2种，占3.08%；节肢动物门（Arthropoda）28种，占43.08%，其中，枝角类1种、十足目2种、桡足类18种、涟虫目1种、糠虾目2种、端足目3种、等足类1种；栉水母门（Ctenophora）1种，占1.54%；脊索动物门（Urochordata）1种，占1.54%。浮游幼虫18种，占浮游动物总种类数的27.68%；腔肠动物、节肢动物门中的桡足类和浮游幼虫是组成胶州湾及其邻近海域浮游动物的主要类群。

胶州湾浮游动物种类组成呈现一定的季节变化。冬季共鉴定出20种浮游动物，春季26种，夏季和秋季分别为40种，节肢动物和浮游幼虫是各季节浮游动物组成的主要类群，其次分别为腔肠动物、毛颚动物和原生动物，春季没有尾索动物出现，而栉水母只在秋季有所捕获。在各季节均出现的种类，包括半球美螅水母（*Clytia hemisphaerica*）、多毛类幼体、强壮箭虫（*Sagitta crassa*）、双壳类幼体、双毛纺锤水蚤（*Acartia bifilosa*）、夜光虫（*Noctiluca scientillans*）、真刺唇角水蚤（*Labidocera euchaeta*）和中华哲水蚤（*Calanus sinicus*）。

胶州湾浮游动物的种类组成符合中纬度海湾水域浮游动物分布的一般规律，生态属性以暖温带、近岸低盐及广温、广盐种类为主（黄凤鹏 等，2010）。

二、数量分布及季节、年际变化

（一）数量分布

胶州湾及其邻近海域浮游动物个体密度空间分布如图4-6所示。

冬季（2011年2月）胶州湾及邻近水域不同调查站位的浮游动物个体密度变化范围为69.34～2 341.75个/m^3，平均值为407.49个/m^3。胶州湾湾口浮游动物个体密度较低，湾内和湾外除个别站位浮游动物个体密度较高外，其他分布较为均匀。

春季（2011年5月）胶州湾及邻近水域不同调查站位的浮游动物个体密度变化范围为87.35～1 133.41个/m^3，平均值为413.37个/m^3，平均个体密度较冬季有所上升。胶州湾湾口南部水域、湾外南部水域及湾内东部水域个体密度较高。

夏季（2011年8月）胶州湾及邻近水域不同调查站位的浮游动物个体密度变化范围为115.93～1 692.51个/m^3，平均值为437.44个/m^3。胶州湾湾口附近为浮游动物数量高值区，向湾内和湾外递减。

秋季（2011 年 11 月）胶州湾及邻近水域不同调查站位的浮游动物个体密度变化范围为 2.25～80.77 个/m³，平均值为 25.08 个/m³，为一年中最低。120.25°E 纵断面附近浮游动物个体密度相对较高，湾内高于湾外。

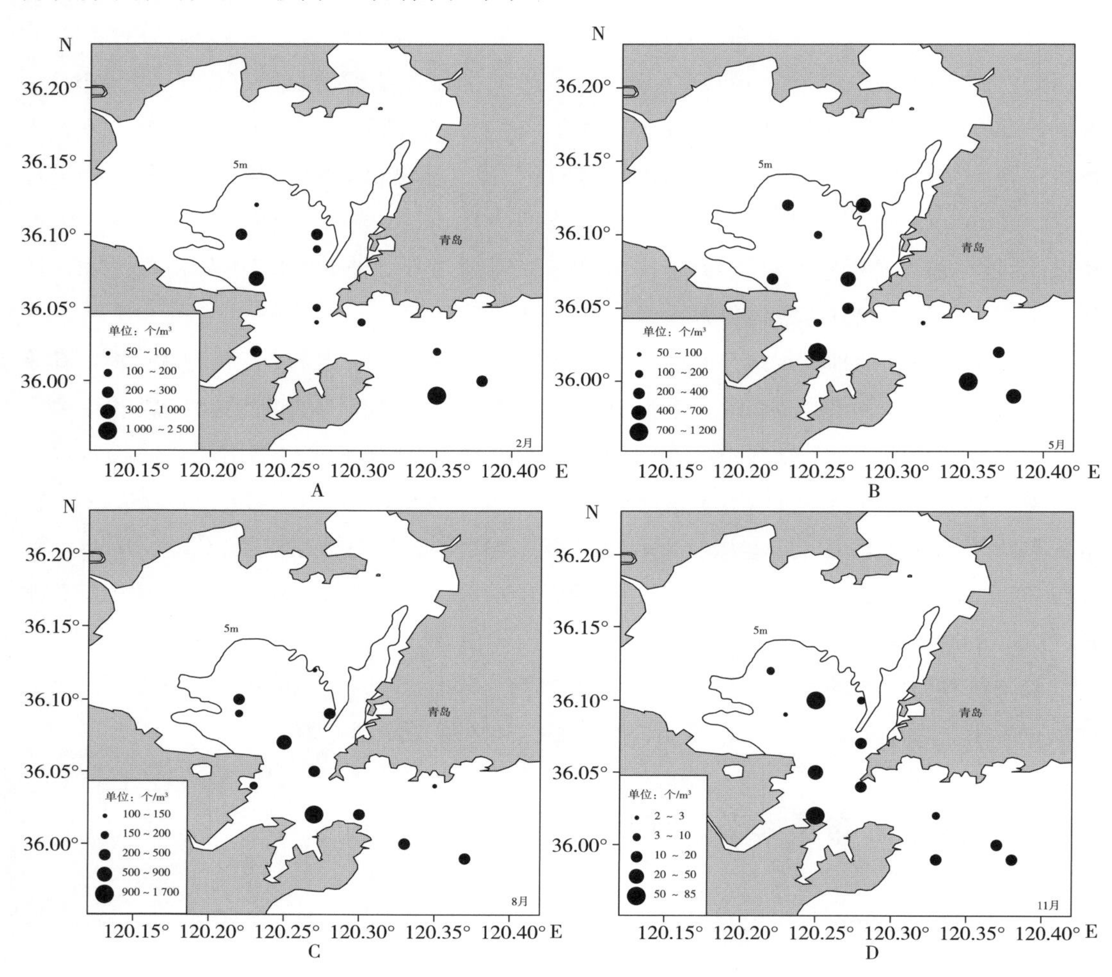

图 4-6　胶州湾及其邻近水域浮游动物个体密度空间分布

A. 冬季　B. 春季　C. 夏季　D. 秋季

（二）季节和年际变化

根据 2011 年调查，胶州湾浮游动物个体密度呈现一定的季节变化。冬季、春季和夏季的浮游动物平均个体密度较高，且数量接近，均在 400 个/m³ 左右；秋季浮游动物的平均个体密度最低，为 25.08 个/m³，远低于其他季节（图 4-7）。

与历史资料对比可发现，胶州湾海域不同时期浮游动物个体密度的季节变化存在一定的波动。20 世纪 90 年代，以夏季浮游动物的个体密度最高，冬季次之；2001—2008 年间，转变为春季的个体密度最高，夏季次之（孙松 等，2011）。2011 年调查显示，胶州湾浮游动物个体密度的季节变化表现为夏季最高，春季次之，冬季再次，且这三季的丰度十分接近，远高于秋季。

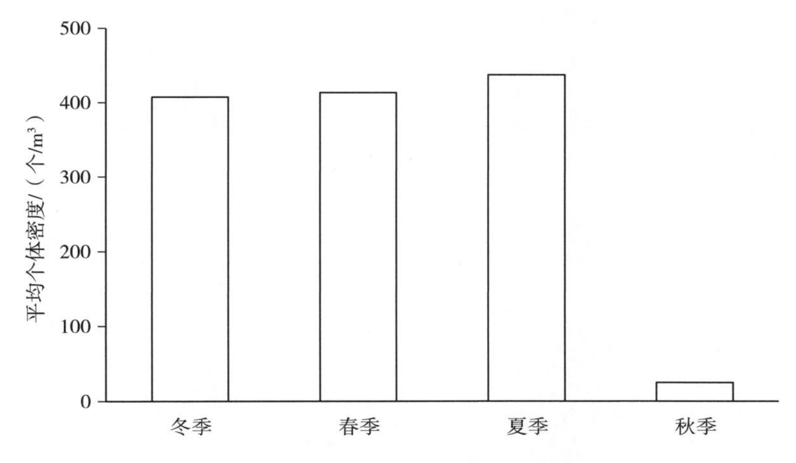

图 4－7　胶州湾浮游动物个体密度季节变化

1991—2001 年，胶州湾浮游动物的个体密度呈现升高的趋势，2001 年季度月平均个体密度达到 1 000 个/m^3，随后几年保持在 200～400 个/m^3 波动（孙松 等，2011）。2011 年季度调查的平均个体密度为 320.85 个/m^3。

三、优势种

根据 2011 年调查，强壮箭虫是胶州湾大型浮游动物的终年优势种，其密度占浮游动物总个体密度的 14.36%。除此之外，夜光虫、中华哲水蚤、背针胸刺水蚤（*Centropages dorsispinatus*）、短尾类溞状幼体、长尾类幼体、八斑芮氏水母（*Rathkea octopunctata*）、歪尾类溞状幼体和猛水蚤目（Harpacticoida）均为常见优势种，其个体密度百分比分别为 29.36%、22.44%、8.84%、8.71%、5.46%、1.36%、1.31% 和 1.26%。

胶州湾优势种的种类组成也因季节而异，各季节优势种组成如表 4－1 所示。冬季最主要的优势种为夜光虫，其个体密度占冬季浮游动物总个体密度的比例高达 64.68%；春季最主要的优势种为中华哲水蚤，占春季浮游动物总个体密度的 63.13%；夏季优势种较多，背针胸刺水蚤、短尾类溞状幼体、强壮箭虫和长尾类幼体均为主要优势种；秋季主要优势种为强壮箭虫和中华哲水蚤，两者占浮游动物总个体密度的比例分别为 47.76% 和 16.22%。

表 4-1 胶州湾浮游动物优势种组成及优势度指数

种　　类	占总个体密度的比例（%）	出现频率（%	优势度
冬季			
夜光虫 *Noctiluca scientillans*	64.68	91.67	0.59
强壮箭虫 *Sagitta crassa*	16.01	100.00	0.16
中华哲水蚤 *Calanus sinicus*	5.52	100.00	0.06
八斑芮氏水母 *Rathkea octopunctata*	4.28	100.00	0.04
猛水蚤目 Harpacticoida	3.82	75.00	0.03
双毛纺锤水蚤 *Acartia bifilosa*	2.14	100.00	0.02
腹针胸刺水蚤 *Centropages abdominalis*	1.78	100.00	0.02
春季			
中华哲水蚤 *Calanus sinicus*	63.13	100.00	0.63
夜光虫 *Noctiluca scientillans*	26.92	100.00	0.27
强壮箭虫 *Sagitta crassa*	6.23	75.00	0.05
夏季			
背针胸刺水蚤 *Centropages dorsispinatus*	25.89	100.00	0.26
短尾类溞状幼体 Brachyura zoea larva	24.79	100.00	0.25
强壮箭虫 *Sagitta crassa*	18.59	91.67	0.17
长尾类幼体 Macrura larva	14.59	91.67	0.13
歪尾类溞状幼体 Porcellana zoea larva	3.84	91.67	0.04
瘦尾胸刺水蚤 *Centropages tenuiremis*	2.81	91.67	0.03
海胆长腕幼虫 Echinopluteus larva	2.48	91.67	0.02
秋季			
强壮箭虫 *Sagitta crassa*	47.76	100.00	0.48
中华哲水蚤 *Calanus sinicus*	16.22	91.67	0.15
异体住囊虫 *Oikopleura dioica*	6.74	75.00	0.05
夜光虫 *Noctiluca scientillans*	7.64	50.00	0.04
真刺唇角水蚤 *Labidocera euchaeta*	5.01	75.00	0.04
钩虾亚目 Gammaridea	2.21	91.67	0.02

四、群落物种多样性

（一）季节变化

根据 2011 年季度调查数据，胶州湾浮游动物群落物种丰富度指数（D）、Shannon-Wiener 多样性指数（H'）和均匀度指数（J'）的各季平均变化范围分别是 2.24～6.83、1.46～2.88 和 0.31～0.54，全年平均值分别为 4.14、2.25 和 0.45。物种丰富度指数 D 和 Shannon-Wiener 多样性指数 H' 均表现出较为明显的季节变化。物种丰富度指数 D 值冬季最低为 2.24，夏季为 4.55，秋季最高为 6.83。H' 最低值出现在春季，随后升高，秋季达到最高值 2.88，冬季降低为 1.80。均匀度指数 J' 的变化趋势与 H' 类似，但其季节变化较小（图 4－8）。

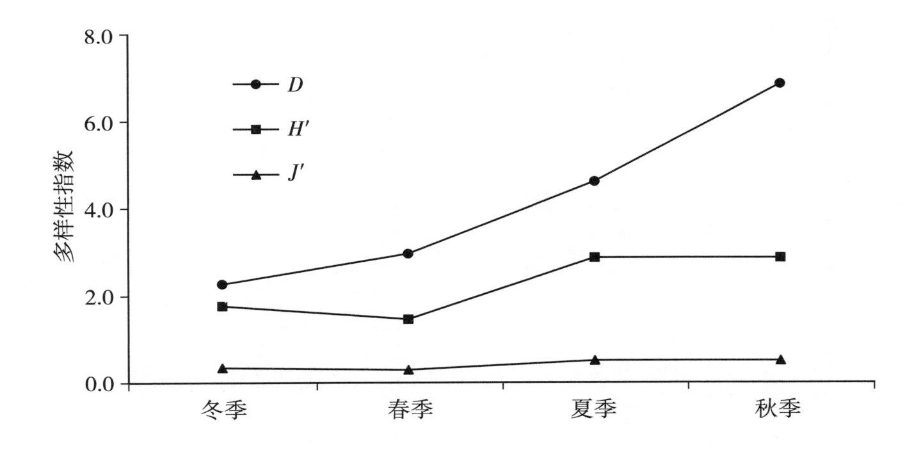

图 4－8　胶州湾及邻近海域浮游动物群落多样性指数的季节变化

（二）空间分布

胶州湾浮游动物群落物种丰富度指数 D 空间分布格局在不同季节有一定变化。冬季不同站位的浮游动物群落物种丰富度指数的变化范围为 1.29～2.33，湾内湾外均呈现出北高南低的变化趋势。春季物种丰富度指数的变化范围为 0.74～2.09，由湾内向湾外逐渐升高；夏季物种丰富度指数的变化范围为 1.82～3.61，湾内呈现出南高北低的变化趋势，北部有一个低值闭合区，湾外较低；秋季物种丰富度指数的变化范围为 2.32～7.45，分布格局与春季类似，湾外高于湾内（图 4－9）。

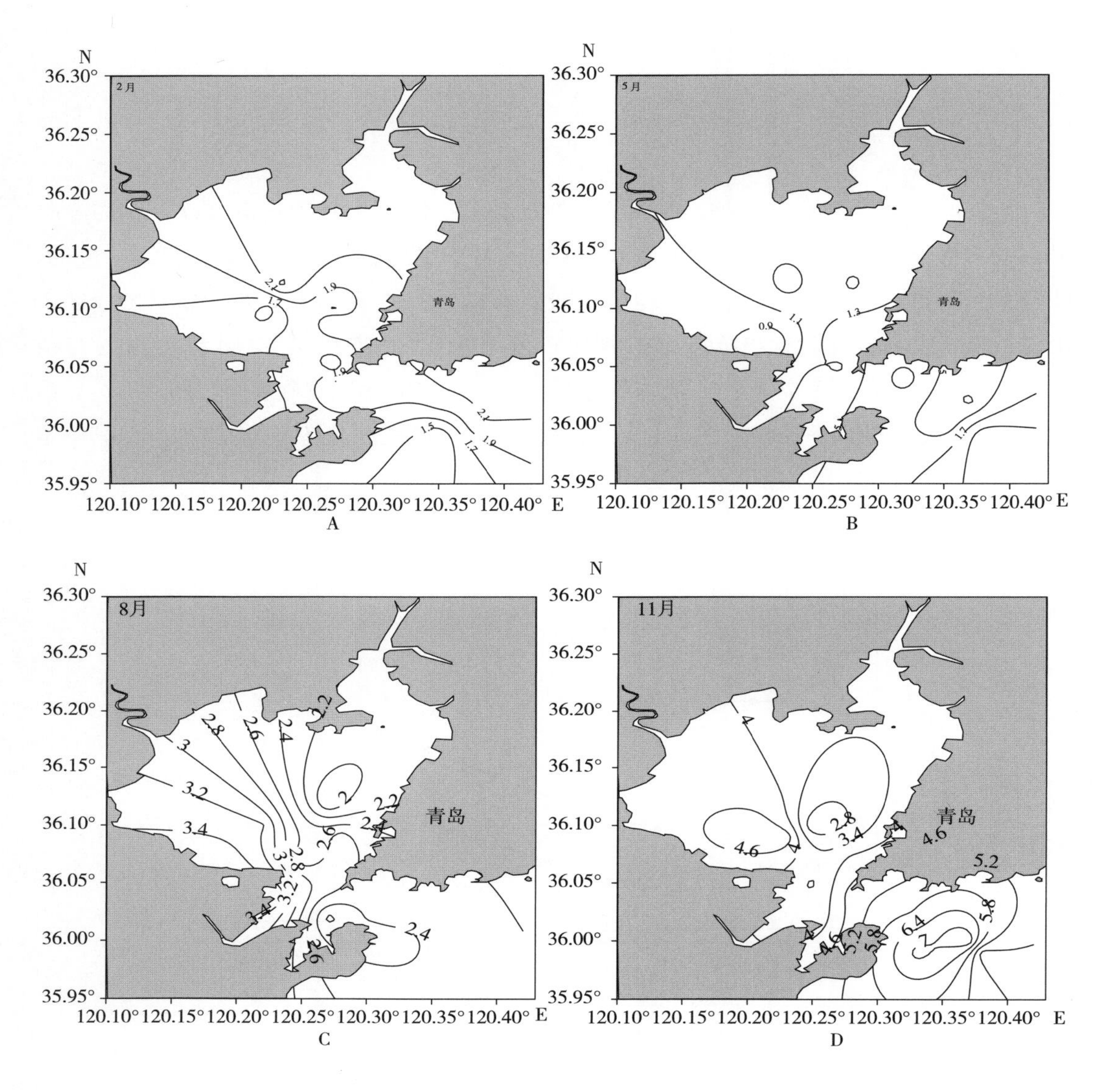

图 4-9　胶州湾及邻近海域浮游动物群落物种丰富度指数（D）空间分布

A. 冬季　B. 春季　C. 夏季　D. 秋季

Shannon 多样性指数 H' 空间分布格局的季节变化与物种丰富度指数 D 基本一致。冬季浮游动物群落多样性指数 H' 的变化范围为 0.66～2.68，湾内湾外均呈现出北高南低的趋势；春季多样性指数 H' 的变化范围为 0.64～1.56，湾外高于湾内，湾内有一个低值闭合区；夏季多样性指数 H' 的变化范围为 0.57～2.98，湾内南高北低，湾外整体较高；秋季多样性指数 H' 的变化范围为 1.51～3.74，由湾内向湾外逐渐升高（图 4-10）。

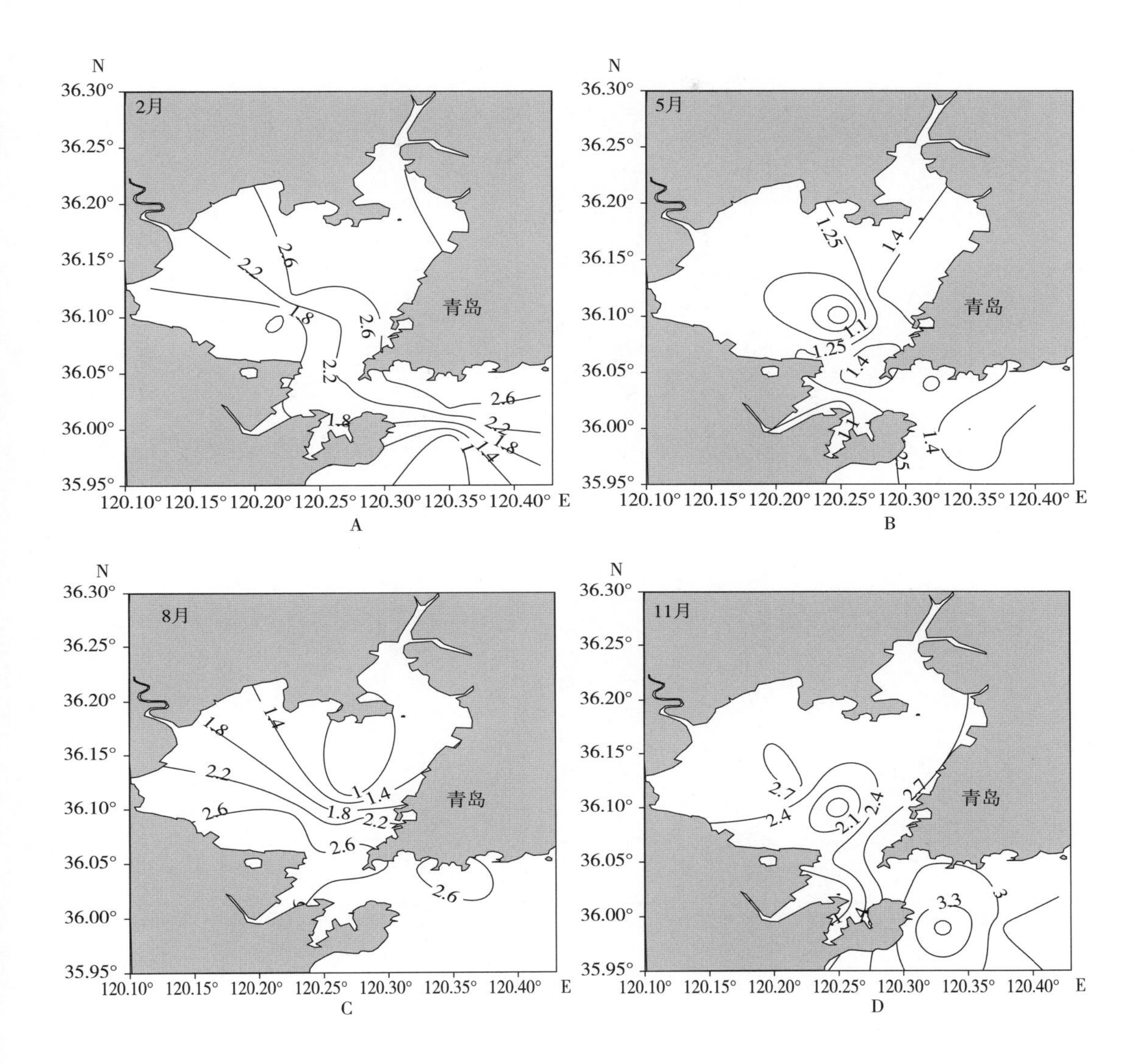

图 4-10　胶州湾及邻近海域浮游动物群落 Shannon-Wiener 多样性指数（H'）空间分布

胶州湾及邻近水域浮游动物群落均匀度指数 J' 在冬季的变化范围为 0.19～0.77，湾内湾外均呈现出北高南低的变化趋势；春季均匀度指数 J' 的变化范围为 0.23～0.54，湾口处和湾内东北部较高，湾内有一个低值闭合区；夏季均匀度指数 J' 的变化范围为0.17～0.76，湾外高于湾内，湾内南高北低，北部有低值闭合区；秋季均匀度指数 J' 的变化范围为 0.44～0.98，湾内湾外均呈现出北高南低的变化趋势（图 4-11）。

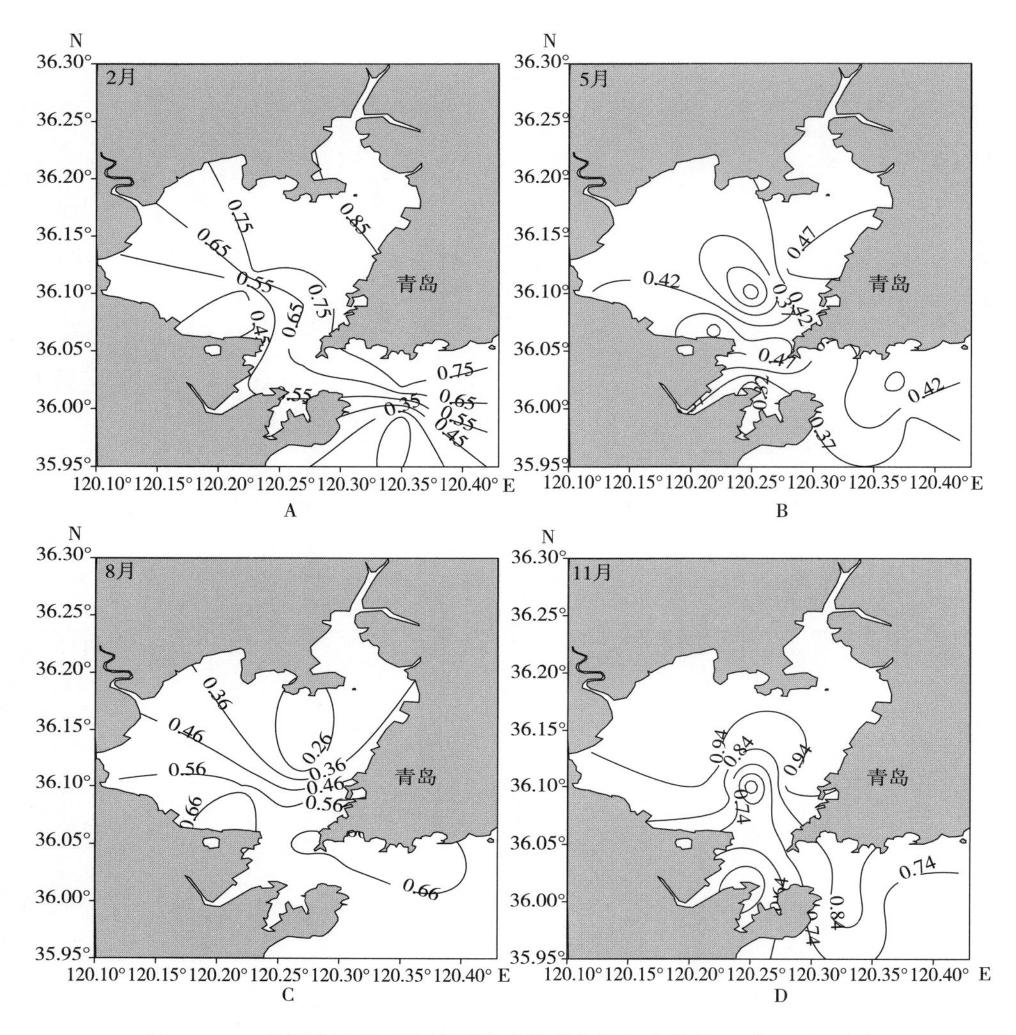

图 4-11 胶州湾及邻近海域浮游动物群落均匀度指数（J'）空间分布

A. 冬季 B. 春季 C. 夏季 D. 秋季

五、评价

2003 年胶州湾调查中，共鉴定出浮游动物 71 种，幼虫、幼体 34 类，主要种类有强壮箭虫、中华哲水蚤、小拟哲水蚤（*Paracalanus parvus*）、太平洋纺锤水蚤（*Acartia pacifica*）、短角长腹剑水蚤（*Oithona brevicornis*）、双毛纺锤水蚤、夜光虫和异体住囊虫（*Oikopleura dioica*）（黄凤鹏 等，2010）；2004 年调查共捕获浮游动物 81 种，优势种有双毛纺锤水蚤、小拟哲水蚤、太平洋纺锤水蚤、中华哲水蚤、拟长腹剑水蚤（*Oithona similis*）、短角长腹剑水蚤、近缘大眼剑水蚤（*Corycaeus affinis*）、异体住囊虫、强壮箭虫、八斑芮氏水母和小介穗水母（*Podocoryne minima*）共 11 种，其中，双毛纺锤水蚤为终年优势种，小拟哲水蚤为常见优势种（孙松　等，2008）；2011 年胶州湾调查共捕获的浮游动物共 65 种，优势种 8 种，种类组成与往年相比变化较大，且包括较多的浮游幼体。

历史资料表明，近 30 年来胶州湾浮游动物的生物量呈现明显的上升趋势（孙松　等，2011）。20 世纪 90 年代的季度月平均生物量为 0.102 g/m^3，与 1977—1978 年季度月平均生物量持平（当时所用网具为大型浮游动物网），2001—2008 年的平均生物量达到 0.361 g/m^3，为 20 世纪 90 年代的 3.54 倍（孙松　等，2011）。此外，20 世纪 80 年代以前，胶州湾浮游动物的生物量高峰期为 6 月，最低为 11 月，80 年代初分别为 7 月和 10 月；21 世纪以来为 8 月和 10 月，可见其浮游动物生物量高峰出现的月份有逐渐推迟的趋势，最低生物量出现的月份有逐渐提前的趋势（黄凤鹏　等，2010）。

孙松等（2011）分析了 1991—2008 年间胶州湾浮游动物个体密度的年间变化，认为 20 世纪 90 年代后期以来胶州湾浮游动物的个体密度开始增加，以 5 月和 8 月最为明显，但其与浮游动物生物量的变化并不完全一致，这主要是由于 2001 年之后浮游动物的种类组成发生变化，水母等较大个体的浮游动物个体密度增加（孙松　等，2011）。

第四节　大型底栖动物

一、种类组成

胶州湾大型底栖动物以多毛类、甲壳类和软体动物为主。孙道元等（1996）研究表明，1991—1993 年的 12 个航次在胶州湾共采集到大型底栖动物 200 种。其中，多毛类 78 种，甲壳类 57 种，软体动物 40 种，棘皮动物 11 种，其他类群 14 种。毕洪生等（2001）研究表明，1991—1995 年在胶州湾 10 个监测站季度取样共采集 208 种底栖生物。其中，多毛类 86 种，甲壳类 57 种，软体动物 40 种，棘皮动物 11 种和其他类别 14 种。李新正等（2001）研究表明，1998 年 2 月至 1999 年 11 月在胶州湾共采集到底栖动物 195 种，其中，多毛类 79 种，软体动物 39 种，甲壳类 52 种，棘皮动物 8 种，其他类 17 种。于海燕等（2006）研究表明，1998—2001 年的 15 个航次在胶州湾共采集到大型底栖动物 322 种，其中，多毛类 133 种，甲壳类 92 种，软体动物 59 种，棘皮动物 14 种，鱼类 9 种，其他类群 15 种。田胜艳等（2010）研究表明，2002 年 4 个航次在胶州湾共采到大型底栖动物 138 种，其中，多毛类 37 种，软体动物 47 种，甲壳类 49 种，其他类群 5 种。隋吉星等（2010）研究表明，2006—2007 年 4 个航次在胶州湾调查共采集到大型底栖生物 206 种，其中，多毛类 98 种，甲壳类 53 种，软体动物 31 种，棘皮动物 7 种，其他类群共 17 种。张崇良等（2011）研究表明，2009 年 4 个季度月在胶州湾西北部潮间带共采集到大型底栖动物 95 种，其中，多毛类 31 种，软体动物 33 种，甲壳类 20 种，其他类群包括棘皮动物和星虫等共 11 种。王洪法等（2011）研究表明，2000—2009 年共 10 年间在胶州湾大型底栖动物调查共鉴定出大型底栖动物 552 种，其中，多毛类 225 种，软体动物 107 种，甲壳类 150 种，棘皮动物 25 种，其他门类动物 45 种（包括腔肠动物 8 种、扁形动物 2 种、纽虫 2 种、曳鳃动物 1 种、螠虫 3 种、腕足动物 1 种、尾索动物 5 种、半索动物 2 种、头索动物 1 种，环节动物的寡毛类 1 种，其他类群 2 种，鱼类 17 种）。杨梅等（2016）研究表明，2014 年 2 月、5 月、8 月和 11 月在胶州湾潮下带共采集到大型底栖动物 199 种，其中，多毛类 79 种，甲壳类 47 种，软体动物 40 种，棘皮动物 17 种，其他类群（腔肠动物、扁形动物、纽形动物和鱼类等）共 16 种。

二、数量分布及季节变化

（一）数量分布

隋吉星等（2010）研究表明，2006—2007 年胶州湾海域大型底栖生物平均丰度为 1 507个/m^2，丰度最高值出现在夏季靠近湾口的站位，为 4 170 个/m^2；其次，中部海域部分站位的丰度也较高。杨梅等（2016）研究表明，秋季大型底栖动物丰度最高值出现于海泊河口附近站位，为 555 个/m^2，最低值出现于黄岛附近的站位，为 50 个/m^2；冬季其丰度最高值位于湾内西部近岸区域，最低值位于湾外中部海域；夏季丰度最高的站位位于湾外近岸海域，最低值站位与冬季最高值站位一致；春季其丰度最高值出现于湾内中部海域，最低值站位与夏季最高值站位一致。

（二）季节变化

袁伟等（2006）研究表明，2003—2004 年胶州湾海域大型底栖动物丰度存在明显的季节波动，在春季 5 月丰度达到最大值，而在夏季 7 月和秋季 9 月的丰度均较低。田胜艳等（2010）研究表明，2002 年胶州湾海域大型底栖动物丰度高值出现于 12 月（冬季），而不是 5 月（春季），但夏初均是其低值。隋吉星等（2010）研究表明，胶州湾夏季和冬季的大型底栖动物平均丰度较高，春季和秋季的平均丰度较低，不同季节间差异显著。杨梅等（2016）研究表明，2014 年胶州湾大型底栖动物年平均丰度为 209.85 个/m^2，其中，最高丰度出现在秋季，为 259.58 个/m^2；其次为冬季，平均丰度为 220.00 个/m^2；春季平均丰度最低，为 172.73 个/m^2。

三、优势种

王洪法等（2011）研究表明，2000—2009 年 10 年间在胶州湾出现的大型底栖动物优势种有 12 种（$Y \geqslant 0.02$），分别为不倒翁虫（*Sternaspis scutata*）、寡鳃齿吻沙蚕（*Nephtys oligobranchia*）、菲律宾蛤仔（*Ruditapes philippinarum*）、索沙蚕（*Lumbrineris latreilli*）、拟特须虫（*Paralacydonia paradoxa*）、斑角吻沙蚕（*Goniada maculate*）、丝异蚓虫（*Heteromastus filiformis*）、青岛文昌鱼（*Brachiostoma belcheritsingtauense*）、中蚓虫（*Mediomastus californiensis*）、滑理蛤（*Theora lubrica*）、斑纹独毛虫（*Tharyx tesselata*）和长叶索沙蚕（*Lumbrineris longifolia*），其中，不倒翁虫在 10 个年份几乎均为优势种，寡鳃齿吻沙蚕在 7 个年份为优势种，索沙蚕和软体动物的菲律宾蛤仔在 5 个年份为优势种。拟特须虫和青岛文昌鱼也是常见种。中蚓虫、斑纹独毛虫、长叶索沙蚕和软体动物的滑理蛤主要在 2000—2004 年间是 1 个或多个年份的优势种，而斑角吻沙蚕和丝异蚓虫主要在 2006—2009 年为优势种或接近成为优势种。2002—2006 年的优势种种数和种类组成较相似（王洪法　等，2011）。

杨梅等（2016）研究表明，2014 年胶州湾大型底栖动物的优势种共 8 种，菲律宾蛤仔为 4 个季度的共同优势种。除菲律宾蛤仔外，春季优势种为拟特须虫，夏季优势种为玉筋鱼（*Ammodytes personatus*），秋季优势种为寡鳃齿吻沙蚕、拟特须虫、不倒翁虫和深沟毛虫（*Sigambra bassi*），冬季优势种为背蚓虫（*Notomastus latericeus*）、寡鳃齿吻沙蚕和长叶索沙蚕。胶州湾大型底栖动物优势种在不同季节有一定差异，但组成以多毛类为主。

四、群落物种多样性

李新正等（2001）研究表明，胶州湾大型底栖动物群落物种多样性指数在春季和秋季较低，平均值分别为 4.59 和 4.76；冬季和夏季的物种多样性指数较高，平均值分别为 4.87 和 5.64。每年 4—5 月是菲律宾蛤仔的收获时节，其数量显著降低，从而减少对其他生物生长的抑制，因此，夏季大型底栖动物群落多样性指数较高；而胶州湾菲律宾蛤仔的产卵期为 5—10 月，产卵盛期为 6 月上旬，秋季大量新生菲律宾蛤仔开始生长，生物多样性随之降低（于海燕　等，2006）。大型底栖动物群落均匀度指数夏季最高，为 0.86，秋季、冬季和春季差异较小，分别为 0.76、0.74 和 0.70，春季最低。冬季虽然水温偏低，采集到的样品种类数不多，但各物种间数量较均衡，故多样性指数较高。春季由于人工养殖使某些优势种种类如菲律宾蛤仔数量增加，导致均匀度指数降低。大型底栖动物群落物种丰富度指数夏季最高为 8.45，秋季最低为 6.99，冬季和春季差别不大，物种丰富度指数分别为 7.82 和 7.77。

五、评价

胶州湾大型底栖动物以多毛类、甲壳类和软体动物为主。孙道元等（1996）研究表明，1991—1993 年共采集到底栖生物 200 种；于海燕等（2006）研究表明，1998—2001 年 15 个航次在胶州湾共采集到大型底栖动物 322 种；田胜艳等（2010）研究表明，2002 年 4 个航次在胶州湾共采到大型底栖动物 138 种；张崇良等（2011）研究表明，2009 年 4 个季度月在胶州湾潮间带共采集到大型底栖动物 95 种；王洪法等（2011）研究表明，2000—2009 年共 10 年间在胶州湾共采集到大型底栖动物 552 种。与其他调查相比，大型底栖动物总种数增加，其中，多毛类、甲壳类、软体动物、棘皮动物等种类数都有所增加。物种数增加除了调查资料涉及的时间跨度（10 年）长外，胶州湾从 1998 年开始禁止各种形式的底拖网作业和 2001 年开始实行的伏季休渔也给胶州湾大型底栖生物环境修复和改善提供了重要条件；此外，随着分类学研究的逐步深入，对某类生物（如端足类等）做了更为细致的分类工作，更多的不确定种得到了确切的认识和准确鉴定，也是种数增加的原因之一。与以往工作相比，各主要类群在总种数中所占比例未发生大的变化，基本保持稳定，多毛类略有增加，甲壳动物略减少，其他类群的比例变动不大（王金宝等，2011）。

第五章

渔业生物资源群落结构

第一节　鱼卵和仔、稚鱼

胶州湾及其邻近海域是多种经济鱼类、虾蟹类以及头足类的产卵场、索饵场和育幼场所，湾内周年有渔业生物种类交替产卵繁殖。鱼卵和仔、稚鱼的种类和数量都比较丰富，而且各个季节几乎都有出现，其主要繁殖季节则在春、夏两季的4—8月（刘瑞玉，1992）。近几十年来，由于受到沿岸海洋环境污染和渔业资源过度利用的影响，胶州湾湾内渔获物种数下降，渔业生物种类组成也由小型、低质鱼类取代了传统的经济鱼类，湾内的渔业生物群落结构和生物多样性发生了变化，进而影响了鱼卵和仔、稚鱼的种类组成和数量分布以及动态变化。鱼卵和仔、稚鱼调查研究是海洋渔业资源研究的重要内容，鱼卵和仔、稚鱼的数量、质量和早期补充量是影响亲鱼资源量、渔业资源可持续利用的重要因素。

本节根据2015年6月在胶州湾海域进行的鱼卵和仔、稚鱼调查数据，并结合历史资料，总结了胶州湾及其邻近水域的鱼卵和仔、稚鱼的种类组成、数量分布、优势种以及物种多样性等特征。

一、种类组成

根据1980年6月至1981年5月的调查，胶州湾及其邻近水域内有鱼卵和仔、稚鱼共45种，隶属于30科、39属。其中，鱼卵中浮性卵28种，聚集性卵7种，附着性卵5种，特殊性产卵的3种，沉性卵和卵胎生各1种。在28种浮性鱼卵中，鲽形目和鲱形目的种类最多（刘瑞玉，1992）。

2003年1月至2004年1月在胶州湾海域进行了连续13个航次的逐月调查，共采集到鱼卵156粒，仅在5—8月采集到鱼卵，采集到的鱼卵均为浮性鱼卵。共采集到仔、稚鱼10种（含未定种），隶属9科、10属。主要种类有斑鰶（*Konosirus punctatus*）、尖海龙（*Syngnathus acus*）、竹筴鱼（*Trachurus japonicus*）、小黄鱼（*Larimichthys polyactis*）、玉筋鱼（*Ammodytes peronatus*）、斑尾刺虾虎鱼（*Acanthogobius ommaturus*）和短吻红舌鳎（*Cynoglossus joyneri*）等（黄凤鹏 等，2007）。

2015年6月在胶州湾进行了鱼卵和仔、稚鱼调查（图5-1），本次调查共采集到鱼卵4 060粒，共18种（含未定种），隶属于12科、18属。主要种类有白姑鱼（*Argyrosomus argentatus*）、长蛇鲻（*Saurida elongata*）、短吻红舌鳎、褐牙鲆（*Paralichthys olivaceus*）、凤鲚（*Coilia mystus*）、鳀（*Engraulis japonicus*）、斑鰶、青鳞小沙丁鱼

(*Sardinella zunasi*)、赤鼻棱鳀(*Thryssa kammalensis*)、小带鱼(*Eupleurogrammus muticus*)、皮氏叫姑鱼(*Johnius belangerii*)、黄姑鱼(*Nibea albiflora*)、细条天竺鲷(*Apogonichthys lineatus*)、蓝点马鲛(*Scomberomorus niphonius*)、多鳞鱚(*Sillago sihama*)、鲔属(*Callionymus* spp.)和鲬(*Platycephalus indicus*)等。

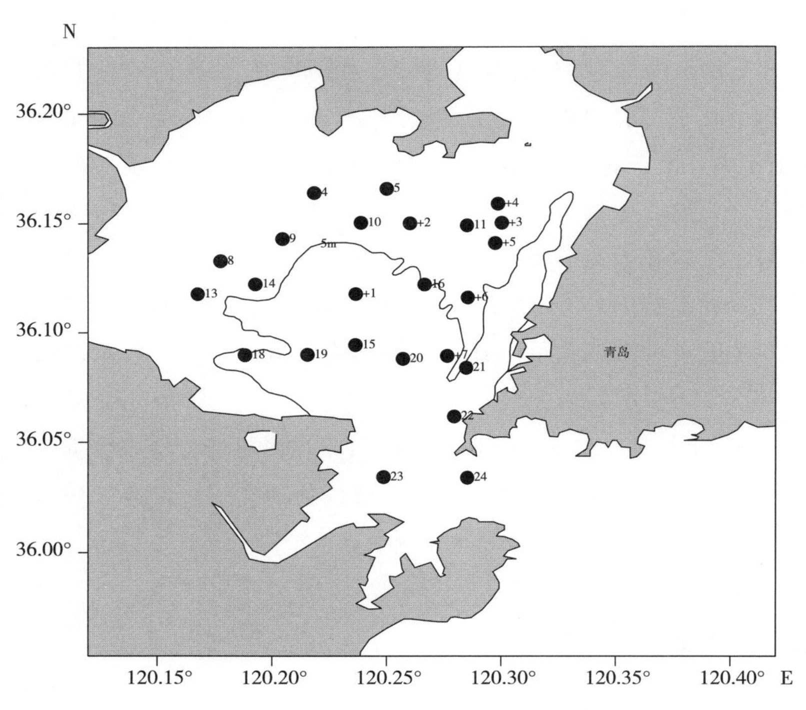

图 5-1　胶州湾海域 6 月鱼卵和仔、稚鱼调查站位

二、数量分布及季节变化

(一) 数量分布

2015 年 6 月鱼卵和仔、稚鱼调查表明,胶州湾海域的每个站位均有鱼卵出现,不同站位鱼卵丰度变化范围为 7～402 粒/网,平均为 113.04 粒/网。在调查海区的东北湾顶部和 5 m 等深线以南的区域形成了鱼卵密集区,分布在密集区的种类以皮氏叫姑鱼、赤鼻棱鳀、斑鰶等种类最多;湾口水深流急,出现的鱼卵数量较少(图 5-2)。仔、稚鱼数量不多,各调查站位仔、稚鱼丰度变化范围为 0～87 尾/网,平均丰度为 11.83 尾/网。仔、稚鱼多分布于湾内的北部海域,南部海域除湾口处沿岸 1 站有大量虾虎鱼科种类分布以外,其余站位仔、稚鱼丰度较低,丰度密集区仔、稚鱼种类以小眼绿鳍鱼为主(图 5-2)。

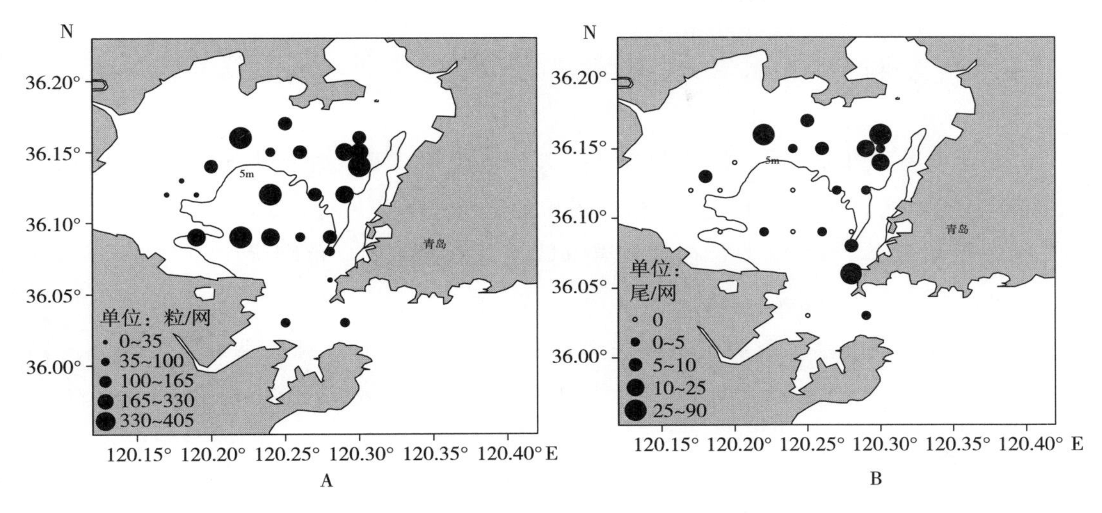

图 5-2　胶州湾海域 6 月鱼卵和仔、稚鱼丰度空间分布

A. 鱼卵　B. 仔、稚鱼

（二）季节变化

春末、夏初是胶州湾及其邻近海域鱼类产卵盛期，秋季为多数鱼类的产卵末期。1980—1981 年对胶州湾及其邻近水域鱼卵和仔、稚鱼的周年调查表明，4 月中旬的垂直网样品中未出现鱼卵，下旬有少量的褐牙鲆鱼卵；5 月胶州湾湾内、湾外均采集到鱼卵，湾内以褐牙鲆鱼卵占绝对优势（占 57.3%），湾外以鳀鱼鱼卵为主要种；6 月鱼卵主要出现在湾内，鱼卵种类以青鳞小沙丁鱼（占 55.0%）、赤鼻棱鳀（占 17.0%）和短吻红舌鳎（占 14.3%）为主要优势种；7 月胶州湾的鱼卵仍以湾内为主，鱼卵的数量较 5 月、6 月减少了很多，但种类依然较多，且优势种与 6 月相同；8 月鱼卵多出现在湾内，鱼卵总数量和鱼卵种类数均减少，大多数鱼类的产卵期已接近末期；9 月，出现鱼卵的种类与前几个月显著不同，除极少量的鳀、赤鼻棱鳀外，表明多数鱼类的产卵期已结束；10 月、11 月鱼卵总数量低，从 12 月进入冬季后，到翌年 3 月，调查水域未采得浮性卵（刘瑞玉，1992）。

黄凤鹏等（2007）研究表明，胶州湾及其邻近海域仔、稚鱼种数有明显的季节变化，种数的增减与平均水温的季节变化节律基本一致。冬季胶州湾仔、稚鱼仅采集到 1 种。春季是升温季节，3 月水温开始回升，5 月水温可达 14.9 ℃以上，一些暖温种鱼类陆续繁殖，仔、稚鱼种数达 3 种，6 月仔、稚鱼种数最高达 7 种，以后则逐渐减少。胶州湾仔、稚鱼的种数随水温上升而增加，随水温下降而减少。夏季出现种数多，冬季出现种数少，仔、稚鱼的区系组成与海水平均温度密切相关。鱼卵丰度最高值出现在 8 月（5.02 粒/m^3），次之为 5 月（4.97 粒/m^3）。根据出现的季节和出现时间的长短，将胶州湾及其邻近水域仔、稚鱼种类分为暖季类群、暖季短时类群和冷季类群三种类群，暖季类群较冷季类群占有明显的优势，暖季短时类群的种数、丰度和站位出现频率均较低。

三、优势种

1980 年 6 月至 1981 年 5 月的调查结果表明，胶州湾及其邻近水域内的主要鱼卵和仔、稚鱼优势种为青鳞小沙丁鱼、赤鼻棱鳀和短吻红舌鳎等（刘瑞玉，1992）。

2003 年 1 月至 2004 年 1 月在胶州湾海域逐月调查表明，鱼卵优势种为斑尾刺虾虎鱼、斑鰶和玉筋鱼（*Ammodytes personatus*）等（黄凤鹏 等，2007）。

2015 年 6 月调查结果表明，鱼卵优势种有皮氏叫姑鱼、赤鼻棱鳀、多鳞鱚和斑鰶；仔、稚鱼优势种有虾虎鱼科（Gobiidae）和小眼绿鳍鱼（*Chelidonichthys spinosus*）。

（一）皮氏叫姑鱼

在 2015 年 6 月调查中，共采获皮氏叫姑鱼鱼卵 1 304 粒，占整个调查海域总鱼卵数量的 32.1%。其出现站位数占调查站位数的 75.0%，出现站位丰度分布范围为 1～199 粒/网，较集中于胶州湾东北部，在 5 m 等深线及南部海域丰度也较高（图 5－3）。整个调查海域皮氏叫姑鱼的仔、稚鱼极少，仅在湾内东北部采到 3 尾。

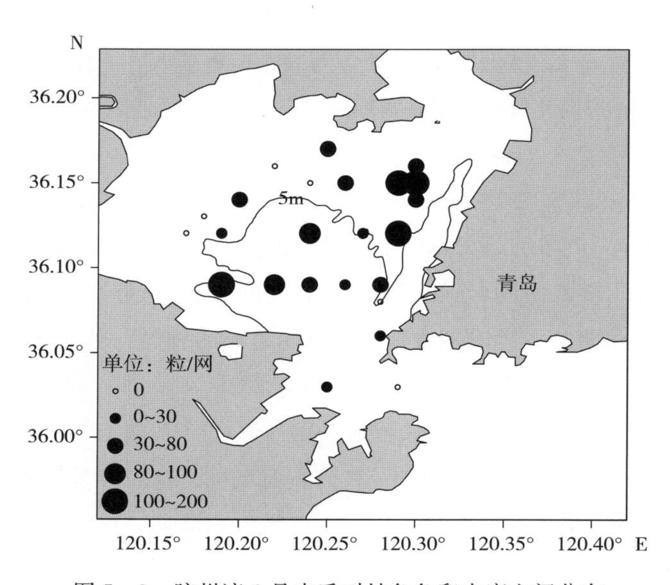

图 5－3　胶州湾 6 月皮氏叫姑鱼鱼卵丰度空间分布

（二）多鳞鱚

在 2015 年 6 月调查中，共采获多鳞鱚鱼卵 603 粒，广泛分布于整个调查海域，站位出现频率高达 95.83%。出现站位鱼卵丰度变化范围为 1～105 粒/网，在湾南部的 15 号站和湾顶部的 4 号站丰度相对较高些，分别为 105 粒/网和 72 粒/网，但密集区不明显

(图 5－4)。整个调查海区多鳞鱚仔、稚鱼极少，仅在 21 号站采获到 5 尾。

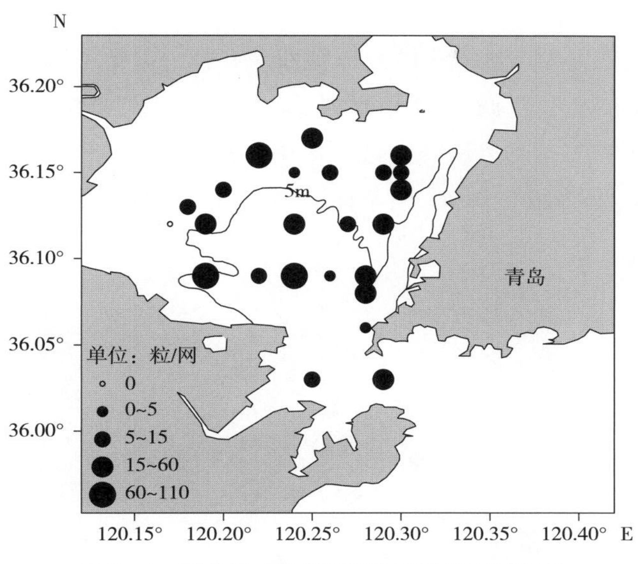

图 5－4　胶州湾 6 月多鳞鱚鱼卵丰度空间分布

(三) 斑鲦

在 2015 年 6 月调查中，共采获斑鲦鱼卵 434 粒，占整个调查海区总鱼卵数量的 10.69%。其出现站位数占总调查站位数的 37.5%，出现站位丰度变化范围为 1～170 粒/网，分布较集中于湾的东北部，在 5 m 等深线及南部海域的 19 号站丰度也较高(图 5－5)。整个调查海区斑鲦仔、稚鱼丰度低，仅在 4 号站采到 1 尾。

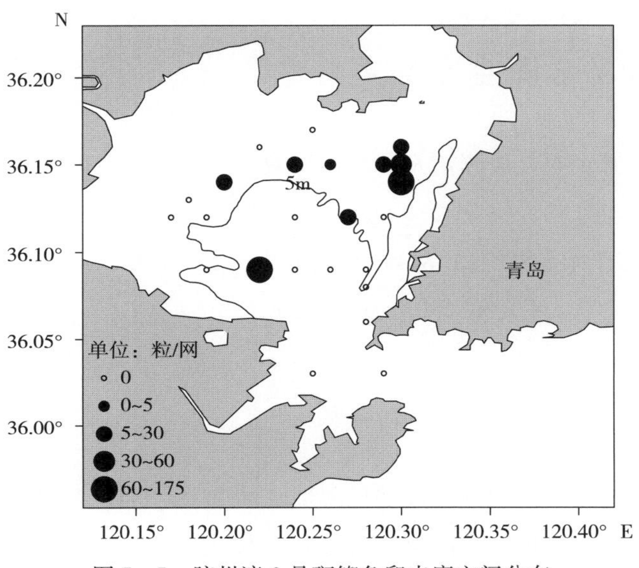

图 5－5　胶州湾 6 月斑鲦鱼卵丰度空间分布

（四）白姑鱼

在 2015 年 6 月调查中，共采获白姑鱼鱼卵 219 粒，占整个调查海区总鱼卵数量的 5.39%。其出现站位数占总调查站位数的 54.17%，出现站位丰度变化范围为 1～53 粒/网，较集中分布于 5 m 等深线附近的湾内水域（19 号站和+1 号站），其丰度分别为 43 粒/网和 51 粒/网（图 5-6）。整个调查海区白姑鱼仔、稚鱼丰度低，仅在 4 号站采到 1 尾。

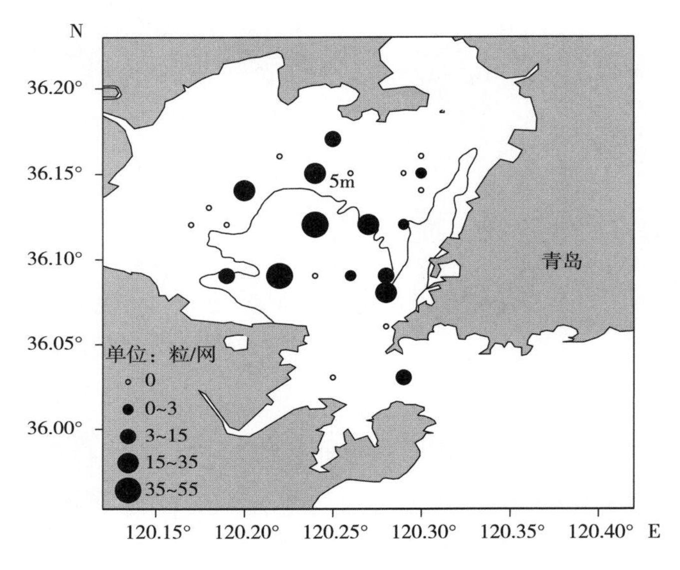

图 5-6　胶州湾海域 6 月白姑鱼鱼卵丰度空间分布

四、群落物种多样性

根据 2015 年 6 月调查，胶州湾及其邻近海域鱼卵和仔、稚鱼群落的 Margalef 物种丰富度指数 D 的变化范围为 0.667～2.010，平均值为 1.174±0.306；Shannon-Wiener 多样性指数 H' 的变化范围为 0.853～1.861，平均值为 1.296±0.258；Pielou 均匀度指数的变化范围为 0.530～0.901，平均值为 0.701±0.100。

五、评价

在 2015 年的调查中，胶州湾及其邻近海域鱼卵和仔、稚鱼种类与 20 世纪 80 年代的调查相比，种类数变化较小，但其种类组成变化较大，主要渔业资源种类为蓝点马鲛、皮氏叫姑鱼、斑鰶和多鳞鱚等。

1980 年 6 月至 1981 年 5 月的调查结果表明，胶州湾及其邻近水域内有鱼卵和仔、稚鱼共 45 种，其中，6 月鱼卵有 18 种，以青鳞小沙丁鱼、赤鼻棱鳀、短吻红舌鳎和黑鲷为主，平均丰度为 1 582.5 粒/网。胶州湾及其邻近海域周年都有鱼类进行产卵，其主要产卵季节为春、夏季，处于一年中的升温阶段，水温为 8～25 ℃（刘瑞玉，1992）。

2015 年 6 月调查共鉴定出鱼卵 18 种。鱼卵丰度的空间分布与 20 世纪 80 年代同期相比无明显变化，但是鱼卵的优势种组成呈现明显的年际变化。皮氏叫姑鱼取代了青鳞小沙丁鱼，成为该月鱼卵种类的第一优势种；短吻红舌鳎的优势种地位也被 20 世纪 80 年代末出现的多鳞鱚所代替，这可能是由于此次调查时与当年该月的水温不同所导致的；此外，1981 年 6 月有一定数量的黑鲷鱼卵，在本次调查中并未出现。该海域 20 世纪 80 年代的主要产卵种斑鰶、鲬等种类，在 2015 年的调查中仍有一定数量的鱼卵。

根据 2015 年 6 月在胶州湾水域的鱼卵和仔、稚鱼调查可知，虽然鱼卵和仔、稚鱼种类数减少，但仍然有多种鱼类在此海域产卵育幼，而且还有蓝点马鲛、皮氏叫姑鱼、斑鰶、多鳞鱚、青鳞小沙丁鱼和白姑鱼等多种经济鱼类。这表明胶州湾仍是重要的鱼类产卵、育幼场所，对于渔业资源早期补充和渔业资源养护具有重要作用。因此，有必要对胶州湾的产卵场进行保护，以保证鱼类资源的可持续利用。

第二节　渔业资源种类组成

2011 年冬季（2 月）、春季（5 月）、夏季（8 月）和秋季（11 月）在胶州湾及其邻近海域（35°59′N—36°07′N、120°12′E—120°22′E）进行了 4 个航次的渔业资源底拖网调查。由于胶州湾 5 m 等深线以浅分布着大面积菲律宾蛤仔（*Ruditapes philippinarum*）的底播养殖区，本次调查站位全部设在胶州湾 5 m 以深的海域。本次调查站位设计采用分层随机采样方法，根据水深和地理位置的不同，在胶州湾的湾内、湾口和湾外区域共设置 50 个预调查站位，每个季节在湾内、湾口、湾外随机选取 5、3、4 个站位，共 12 个站位进行调查（图 5-7）。

调查船为 30 kW 的单拖渔船，每站拖网约 0.5 h，平均拖速 2.0 kn，调查网具网口高度 1.6 m，网口宽度 12 m，囊网网目 20 mm。全部渔获物带回实验室分析处理，具体渔业生物学测定参照《海洋调查规范　第 6 部分：海洋生物调查》（GB/T 12763.6—2007）。数据分析前对渔获量数据进行拖网时间（1 h）及拖速（2 kn）的标准化处理。在渔业资源类群分析过程中，为了简化处理，本节中将口虾蛄（*Oratosquilla oratoria*）归为虾类。本书中虾类包括十足目和口足目的口虾蛄，未将口虾蛄单独列为其他类群。

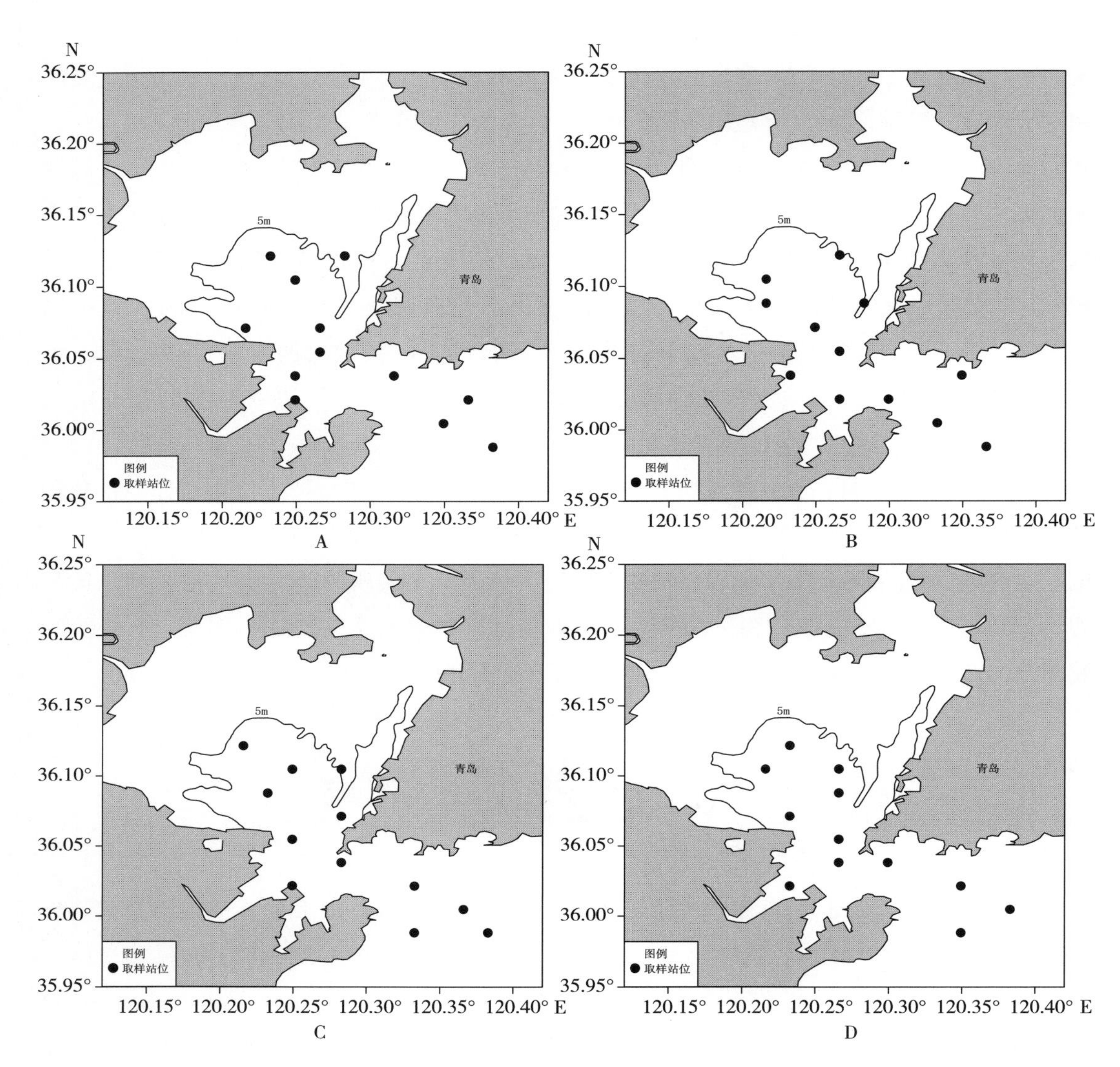

图 5-7　2011 年胶州湾及其邻近海域渔业资源底拖网调查站位

A. 春季　B. 夏季　C. 秋季　D. 冬季

一、种类组成

胶州湾曾是多种鱼类和经济无脊椎动物的产卵场、索饵场和育幼场所，湾内周年都有鱼类、虾蟹类和头足类交替产卵繁殖（刘瑞玉，1992）。根据 20 世纪 80 年代初在胶州湾及其邻近海域进行的渔业生物资源与环境综合调查，胶州湾及其邻近海域共有鱼类 113 种，隶属于 12 目、52 科、90 属，虾类 23 种，蟹类 8 种，头足类 6 种（刘瑞玉，1992；

吴耀泉等，1997）。随着近年来海岸带开发、生境破坏、海洋污染和过度捕捞等多种因素的综合影响，胶州湾渔业生物资源种类数也发生了明显的改变。曾晓起等（2004）根据2003—2004年在胶州湾及邻近水域作业的定置网和底拖网网具渔获物调查，共捕获鱼类58种，虾类14种，蟹类8种，头足类5种；鱼类种类数远低于20世纪80年代的种类数。2008—2009年在胶州湾浅水水域进行的定置网周年调查共捕获鱼类45种，虾类17种，蟹类10种，头足类5种；同期在胶州湾中部水域进行的底拖网调查捕获鱼类55种，大型无脊椎动物42种，虾类18种，蟹类18种，头足类5种（陈晓娟，2010；徐宾铎等，2015）。

2011年在胶州湾及邻近海域进行的底拖网季度调查，共捕获渔业生物种类109种，包括鱼类、虾类、蟹类和头足类，其中，鱼类57种，隶属于2纲、10目、31科、46属；虾类22种，蟹类25种，头足类5种（附录二）。虽然近年来针对胶州湾的各项渔业资源调查无论是调查范围还是调查频次，都比20世纪80年代有所减少，但仍可看出胶州湾海域渔业资源生物种类数的显著降低。

二、区系特征

在20世纪80年代，胶州湾及其邻近水域的鱼类区系组成以暖温种所占比例最大，主要种类有花鲈（*Lateolabrax japonicus*）、半滑舌鳎（*Cynoglossus semilaevis*）和六丝钝尾虾虎鱼（*Amblychaeturichthys hexanema*）等，暖温种种数占鱼类总种数的52.2%；暖水种占28.3%，主要种类有青鳞小沙丁鱼、斑鰶和赤鼻棱鳀（*Thryssa kammalensis*）等；冷温种占19.5%，主要种类有长绵鳚（*Zoarces elongatus*）、钝吻黄盖鲽（*Pseudopleuronectes yokohamae*）和石鲽（*Kareius bicoloratus*）等（刘瑞玉，1992）。

2011年渔业资源底拖网调查所捕获的57种鱼类从适温类型来看，以暖温性鱼类最多，有28种，占鱼类种数的49.1%；暖水性鱼类次之，有18种，占鱼类种数的31.6%；其余均为冷温性鱼类，有11种，占鱼类种数的19.3%（附录三）。从生物量来看，暖温种生物量最高，占鱼类总生物量的54.8%，主要种类有六丝钝尾虾虎鱼、许氏平鲉（*Sebastes schlegelii*）、铠平鲉（*Sebastes hubbsi*）和鲮（*Liza haematocheila*），分别占鱼类总生物量的10.8%、8.5%、5.6%和4.6%；其次为冷温种，占鱼类总生物量的24.4%，主要种类有方氏云鳚（*Pholis fangi*）、细纹狮子鱼（*Liparis tanakai*）和玉筋鱼，分别占鱼类总生物量的14.8%、5.2%和2.0%；暖水种占鱼类总生物量的20.8%，重要种类有斑尾刺虾虎鱼、斑鰶、皮氏叫姑鱼（*Johnius belangerii*）和赤鼻棱鳀，分别占鱼类总生物量的3.9%、3.8%、3.8%和2.9%。虽然近30年来胶州湾海域的鱼类种类数发生了较大变化，但不同适温类型鱼类的组成比例无明显变化。

三、种类组成的季节变化

根据2011年渔业资源底拖网季度调查，胶州湾渔业资源种类组成具有明显的季节变化（表5-1）。从种类数上来看，胶州湾秋季和冬季的渔业生物种类最多，均为68种，而夏季和春季渔业生物种类相对较少，分别为56种和55种。鱼类种数在各季节变化不大，变化范围为32～34种；头足类除冬季为2种外，夏季为4种，春、秋季均为5种。虾类、蟹类种数的季节差异较大，秋、冬季种数较高，而春、夏季种数较低。在各季节中，均以鱼类种数最多，其次为虾类或蟹类，头足类种数最少。

表5-1 胶州湾及其邻近海域渔业资源种类组成及其季节变化

类群	春季		夏季		秋季		冬季	
	种数	百分比（%）	种数	百分比（%）	种数	百分比（%）	种数	百分比（%）
鱼类	32	47.06	32	47.06	34	50.00	32	47.06
虾类*	11	16.18	11	16.18	15	22.06	18	26.47
蟹类	7	10.29	9	13.24	14	20.59	16	23.53
头足类	5	7.35	4	5.88	5	7.35	2	2.94
合计	55		56		68		68	

* 为便于描述，本书中虾类包括十足目和口足目的口虾蛄，未将口虾蛄单独列为其他类群，下同。

胶州湾及邻近海域渔业资源种类组成具有明显的季节更替现象。不同季节间鱼类种类组成更替率为42.86%～64.58%，夏、秋季间的更替率最低，为42.86%；春、夏季的鱼类组成更替率最高，为64.58%（表5-2）。大型无脊椎动物种类组成季节更替率也较高，不同季节间种类组成更替率均在50.00%左右（表5-3）。

表5-2 胶州湾及其邻近海域鱼类种类组成季节更替

指标	春季	夏季	秋季	冬季
种数	33	32	34	33
增加数	11	15	10	15
减少数	11	16	8	16
变化数	22	31	18	31
相同数	22	17	24	18
更替率*（%）	50.00	64.58	42.86	63.27

* 更替率计算公式为$A=100\%\times C/(C+S)$。C为两个季节种类增加及减少数；S为两个季节共有种数；更替率A是指与上一季节相比较的更替情况，下同。

表5-3　胶州湾及其邻近海域大型无脊椎动物种类组成季节更替

指标	春季	夏季	秋季	冬季
种数	24	25	34	36
增加数	6	9	14	14
减少数	18	8	5	12
变化数	24	17	19	26
相同数	18	16	20	22
更替率（%）	57.14	51.52	48.72	54.17

胶州湾及邻近海域渔业资源种类组成的季节更替与水温的季节变化有着密切关系。随着水温的变化，不同适温类型的鱼类在胶州湾海域交替出现。刘瑞玉（1992）研究表明，在20世纪80年代，胶州湾的鱼类种类在夏季最多，这主要是由于8月是一年中水温最高的月份，一些主要分布于南方海区的暖水种如康氏小公鱼（*Stolephorus commersonii*）、乌鲳（*Formio niger*）等出现在胶州湾，使得湾内鱼类种类数达到最高峰；秋、冬季节水温开始下降，暖水种和暖温种开始离开胶州湾至越冬场越冬，导致胶州湾的鱼类种类数从11月的62种降低到12月的37种。从2011年的调查来看，虽然胶州湾的鱼类种类数在不同季节间的变化并不明显，但种类更替率依然较高，这主要与胶州湾鱼类由不同适温类型的种类组成有关。

大型无脊椎动物在不同季节间也有明显的季节更替，一些洄游性种类在不同季节进出胶州湾。陈晓娟等（2010）对胶州湾水域2008年秋冬季的大型无脊椎动物群落特征研究表明，冬季多数洄游性大型无脊椎动物如鹰爪虾（*Trachysalambria curvirostris*）、细巧仿对虾（*Parapenaeopsis tenella*）和枪乌贼（*Loligo* spp.）等洄游出湾。一些蟹类如三疣梭子蟹（*Portunus trituberculatus*）和日本蟳（*Charybdis japonica*）等对水温变化较为敏感，春季进入胶州湾进行产卵繁殖，冬季随着水温的降低离开胶州湾到达深水区越冬（逄志伟 等，2014）。

同历史资料相比，自20世纪80年代以来，胶州湾水域的渔业生物种类数降低，但不同适温类型的种类数比例未发生明显变化。同时，胶州湾渔业种类组成有明显的季节变化，并且季节间物种更替率较高（在50%左右）。不同生态习性的渔业生物种类交替利用胶州湾水域空间，降低了种间生存竞争强度。这有利于不同种类的生存和生长，从而使胶州湾水域具有较高的生物生产力。

四、渔业资源组成

根据2011年进行的渔业资源季度调查资料，胶州湾及邻近水域的渔业资源种类共有109种，具有较重要经济价值的鱼类和大型无脊椎动物种类共40余种。

按栖息水层来分，胶州湾及邻近海域的底层鱼类有52种，占鱼类总种数的91.23%，主要种类包括方氏云鳚、六丝钝尾虾虎鱼和许氏平鲉等；中上层鱼类有5种，分别为斑鰶、赤鼻棱鳀、中颌棱鳀（*Thryssa mystax*）、鲐（*Scomber japonicus*）和银鲳（*Pampus argenteus*）。从洄游习性上来看，胶州湾主要鱼类由本地定居种和短距离洄游种组成，两者生物量占了鱼类总生物量的87.81%，本地种主要有六丝钝尾虾虎鱼、许氏平鲉、铠平鲉和斑尾刺虾虎鱼等；短距离洄游种主要有方氏云鳚和细纹狮子鱼等。

主要大型无脊椎动物主要包括日本蟳、双斑蟳（*Charybdis bimaculata*）、鹰爪虾、葛氏长臂虾（*Palaemon gravieri*）、长蛸（*Octopus variabilis*）、短蛸（*Octopus ochellatus*）和枪乌贼等。

2011年胶州湾及邻近海域主要渔业生物种类为底层鱼类和大型无脊椎动物种类，包括方氏云鳚、六丝钝尾虾虎鱼、许氏平鲉、口虾蛄、鹰爪虾、日本蟳和长蛸等，其生物量占总生物量的90%以上，中上层鱼类如鲐和赤鼻棱鳀等生物量所占比例低。

主要渔业资源种类组成具有明显的季节变化。春季主要渔业资源种类有口虾蛄、长蛸、大泷六线鱼（*Hexagrammos otakii*）、许氏平鲉、枪乌贼、鲬、黄鮟鱇（*Lophius litulon*）、短蛸和葛氏长臂虾等，约占春季总渔业生物资源量的38.53%；其他渔业资源种类33种，合计占春季总渔业生物资源量的61.47%。夏季主要渔业资源种类有鹰爪虾、口虾蛄、枪乌贼、日本蟳、长吻红舌鳎（*Cynoglossus lighti*）、孔鳐（*Raja porosa*）、长蛸、星康吉鳗（*Conger myriaster*）和葛氏长臂虾等，合计约占渔业生物资源量的80.38%；其他种类31种，占夏季渔业资源量的19.62%。秋季主要渔业资源种类有枪乌贼、口虾蛄、鹰爪虾、长蛸、许氏平鲉、葛氏长臂虾、短蛸、日本蟳、斑尾刺虾虎鱼、星康吉鳗、玉筋鱼、长吻红舌鳎和小黄鱼等，合计约占渔业生物资源量的75.19%；其他种类40种，占秋季渔业资源量的24.81%。冬季主要渔业资源种类有鲮、短蛸、斑尾刺虾虎鱼、许氏平鲉、大泷六线鱼、葛氏长臂虾、脊尾白虾（*Exopalamon carincauda*）、褐菖鲉（*Sebastiscus marmoratus*）、玉筋鱼、孔鳐和长蛸等，合计约占冬季渔业生物资源量的54.17%；其他种类47种，占冬季渔业资源量的45.83%。与20世纪80年代调查结果相比，胶州湾及邻近海域主要渔业资源种类已由20世纪80年代的高营养级鱼类为主转为以短寿命的大型经济无脊椎动物种类为主。

第三节　渔业物种群落结构特征

一、群落物种多样性

本节采用Margalef物种丰富度指数、Shannon-Wiener多样性指数以及Pielou均匀度指数，来研究胶州湾及其邻近水域的渔业生物群落物种多样性（Ludwig & Reynolds，1988）。由于不同渔业资源种类及同种类个体间差异很大，Wilhm（1968）提出用生物量表示的多样性更接近渔业资源种类间能量的分布。因此，本节中根据生物量计算渔业生物群落物种多样性的时空变化。

（1）Margalef 物种丰富度指数，其计算公式为：

$$D = (S - 1)/\ln W$$

（2）Shannon-Wiener 多样性指数，其计算公式为：

$$H' = -\sum_{i=1}^{S} p_i \ln p_i$$

（3）Pielou 均匀度指数，其计算公式为：

$$J' = H'/\ln S$$

式中　S——种数；

W——总渔获质量；

p_i——第 i 种生物渔获质量占总渔获质量的比例。

根据 2011 年的调查资料，胶州湾及邻近海域渔业生物群落全年 Margalef 物种丰富度指数为 8.79，Shannon-Wiener 多样性指数为 4.49，均匀度指数为 0.66。按区域，渔业生物群落 Margalef 物种丰富度指数、Shannon-Wiener 多样性指数和 Pielou 均匀度指数均以湾外最高，湾口次之，湾内渔业生物群落多样性指数最低（表 5－4）。

表 5－4　胶州湾及邻近海域渔业生物群落物种多样性

多样性指数	湾内	湾口	湾外	总体
Margalef 物种丰富度指数	6.98	7.23	8.05	8.79
Shannon-Wiener 多样性指数	3.80	4.40	4.85	4.49
Pielou 均匀度指数	0.59	0.70	0.74	0.66

胶州湾及邻近水域鱼类群落全年物种丰富度指数为 6.68；Shannon-Wiener 物种多样性指数为 3.18；Pielou 均匀度指数为 0.79（表 5－5）。从区域上来看，以胶州湾湾外区域的 Shannon-Wiener 多样性指数和 Pielou 均匀度指数最高，湾内的物种丰富度指数较高。胶州湾大型无脊椎动物群落的物种丰富度指数为 5.79；Shannon-Wiener 多样性指数为 2.25；Pielou 均匀度指数为 0.56。其中，湾外的物种丰富度指数、Shannon-Wiener 多样性指数和 Pielou 均匀度指数均最高，这主要是由于湾外区域大型无脊椎生物种类数较多，并且不同种类的生物量分布较均匀所致（表 5－5）。

表 5-5 胶州湾及邻近海域鱼类群落和大型无脊椎动物群落物种多样性

多样性指数	鱼类群落				大型无脊椎动物群落			
	湾内	湾口	湾外	总体	湾内	湾口	湾外	总体
Margalef 物种丰富度指数	5.71	4.56	5.52	6.68	3.65	4.29	5.00	5.79
Shannon-Wiener 多样性指数	2.85	2.63	3.11	3.18	1.93	2.19	2.52	2.25
Pielou 均匀度指数	0.74	0.71	0.81	0.79	0.54	0.60	0.66	0.56

胶州湾鱼类群落和大型无脊椎动物群落多样性指数的季节变化见图 5-8、图 5-9，鱼类群落和大型无脊椎动物群落的均匀度指数在各季节间变化不大；鱼类群落物种丰富度指数从春季到夏季呈增高趋势，夏季至冬季略有下降，其余指数在各季节间变化不明显；大型无脊椎动物群落多样性指数变化趋势一致，均在春季和夏季变化不明显，从夏季开始明显上升。

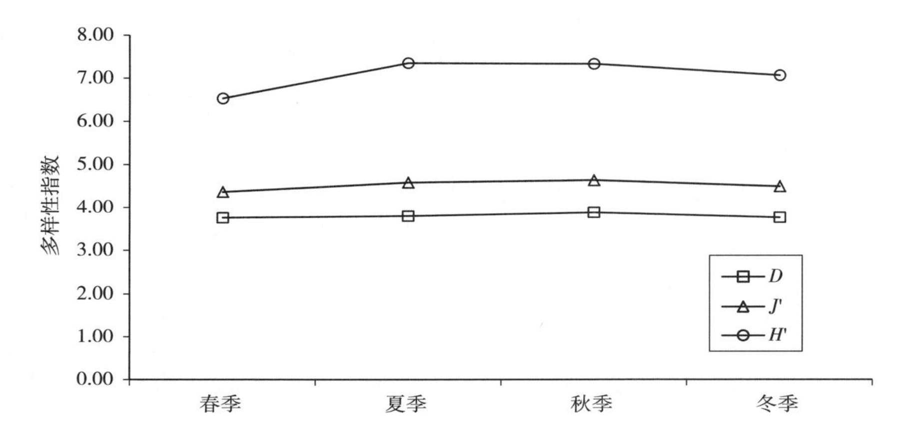

图 5-8 胶州湾及邻近海域鱼类群落多样性指数的季节变化

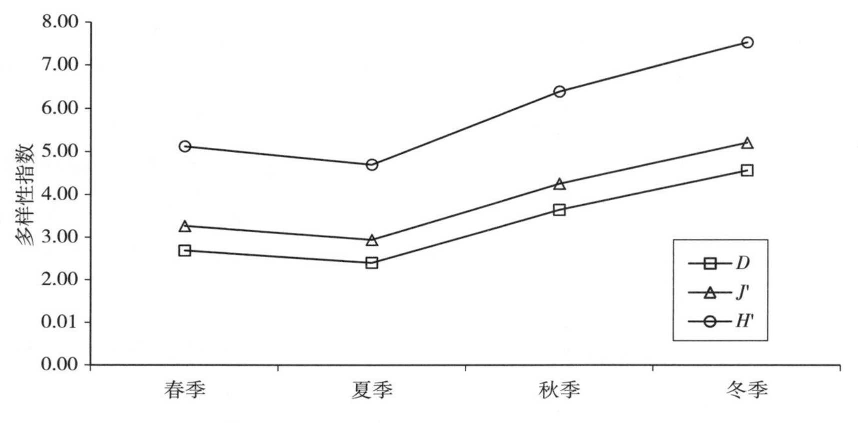

图 5-9 胶州湾及邻近海域大型无脊椎动物群落多样性指数的季节变化

表 5－6 表明，胶州湾鱼类群落和大型无脊椎动物群落多样性指数的空间分布具有一定的季节变化。如在春季，胶州湾湾口区域的各项多样性指数均低于湾内和湾外区域，这主要与春季胶州湾湾口区域鱼类和大型无脊椎动物种类数较少，且渔获量分布不均匀有关。

表 5－6 胶州湾及邻近海域鱼类群落和大型无脊椎动物群落多样性指数的区域变化

群 落	多样性指数	春季			夏季			秋季			冬季		
		湾内	湾口	湾外	湾内	湾口	湾外	湾内	湾口	湾外	湾内	湾口	湾外
鱼类群落	D	2.13	1.19	2.87	2.43	2.09	2.90	3.09	2.99	2.99	3.23	2.20	2.44
	J'	0.46	0.47	0.77	0.75	0.72	0.76	0.66	0.59	0.75	0.80	0.65	0.69
	H'	1.35	1.14	2.50	2.32	2.05	2.43	2.12	1.97	2.45	2.60	1.95	2.09
大型无脊椎动物群落	D	1.76	1.28	2.46	1.40	2.11	1.99	2.10	2.58	2.84	3.34	2.52	3.88
	J'	0.70	0.52	0.46	0.56	0.49	0.63	0.63	0.58	0.68	0.58	0.68	0.62
	H'	1.93	1.28	1.42	1.56	1.45	1.90	1.90	1.83	2.26	1.86	2.01	2.17

二、优势种组成及变化

采用相对重要性指数 IRI，研究某个渔业生物种类在群落中所占的重要性（Pianka，1971），其计算公式为：

$$IRI = (N + W)F$$

式中 N——某个种类的渔获尾数占总渔获尾数的百分比；

W——某个种类的渔获重量占总渔获重量的百分比；

F——某个种类的出现站位次数占总调查站位数的百分比。

通过对每个种类相对重要性指数 IRI 值的计算，选取 IRI 值＞1 000 的种类为优势种；IRI 值在 1 000～100 的种类为重要种；IRI 值在 100～10 的种类为常见种；IRI 值在 10～1 的种类为一般种；IRI 值在 1 以下的种类为少见种（王雪辉 等，2010）。

（一）渔业资源优势种

根据 2011 年渔业资源底拖网季度调查，胶州湾及邻近海域渔业生物群落全年优势种主要为口虾蛄和鹰爪虾，其渔获量分别占总渔获量的 17.89％和 17.06％，合计占总渔获量的 34.95％；两者渔获尾数分别占总渔获尾数的 3.95％和 12.59％，合计占 16.54％。

各季节优势种组成有较大差异，春季渔业生物群落主要优势种为方氏云鳚、双斑蟳、口虾蛄和六丝钝尾虾虎鱼，其渔获量合计占总渔获量的 54.61％，渔获尾数合计占总渔获尾数的36.81%；夏季主要优势种为鹰爪虾、口虾蛄、枪乌贼和双斑蟳，其渔获量合计占总渔获量的74.36%，渔获尾数合计占总渔获尾数的70.37%；秋季主要优势种为葛氏长臂虾、枪乌贼、细巧仿对虾、鹰爪虾和口虾蛄，其渔获量合计占总渔获量的44.03%，渔获尾数合计占总渔获尾数的75.60%；冬季主要优势种为疣背宽额虾（*Latreutes planirostris*）、海蜇虾（*Latreutes anoplonyx*）、脊尾白虾和方氏云鳚，其渔获量合计占总渔获量的23.21%，渔获尾数合计占总渔获尾数的72.52%。

（二）各类群优势种及季节变化

胶州湾各类群的优势种组成也有明显的季节变化。

1. 鱼类优势种

2011年胶州湾及邻近海域鱼类群落全年优势种为方氏云鳚和六丝钝尾虾虎鱼，其渔获量之和占鱼类总渔获量的26.05%，渔获尾数之和占鱼类总渔获尾数的40.34%；重要种6种，分别为赤鼻棱鳀、尖海龙、大泷六线鱼、长吻红舌鳎、李氏䲗（*Repomucenus richardsonii*）和铠平鲉，其渔获量之和占鱼类总渔获量的17.91%，渔获尾数之和占鱼类总渔获尾数的26.43%；常见种有4种，分别为短鳍䲗（*Repomucenus huguenini*）、短吻红舌鳎、褐菖鲉和孔鳐，其渔获量之和占鱼类总渔获量的4.50%，渔获尾数之和占鱼类总渔获尾数的1.33%。

春季共捕获鱼类32种。优势种4种，分别为方氏云鳚、六丝钝尾虾虎鱼、细纹狮子鱼和尖海龙，其渔获量之和占鱼类总渔获量的70.15%，渔获尾数之和占鱼类总渔获尾数的81.93%；重要种5种，分别为大泷六线鱼、皮氏叫姑鱼、星康吉鳗、普氏栉虾虎鱼（*Ctenogobius pflaumi*）和铠平鲉，其渔获量之和占鱼类总渔获量的14.33%，渔获尾数之和占鱼类总渔获尾数的11.38%；常见种有8种，分别为许氏平鲉、石鲽、绵鳚（*Azuma emmnion*）、赤鼻棱鳀、鲬、玉筋鱼、黄鮟鱇和李氏䲗，其渔获量之和占鱼类总渔获量的13.73%，渔获尾数之和占鱼类总渔获尾数的5.03%。

夏季共捕获鱼类32种。优势种5种，分别为赤鼻棱鳀、皮氏叫姑鱼、斑鰶、细条天竺鲷和长吻红舌鳎，其渔获量之和占鱼类总渔获量的62.29%，渔获尾数之和占鱼类总渔获尾数的70.37%；重要种6种，分别为六丝钝尾虾虎鱼、白姑鱼、中颌棱鳀、星康吉鳗、小眼绿鳍鱼（*Chelidonichthys kumu*）和矛尾虾虎鱼（*Chaeturichthys stigmatias*），其渔获量之和占鱼类总渔获量的17.89%，渔获尾数之和占鱼类总渔获尾数的23.83%；常见种有10种，分别为普氏栉虾虎鱼、带鱼（*Trichiurus lepturus*）、小黄鱼、铠平鲉、斑尾刺虾虎鱼、孔鳐、银鲳、尖海龙、许氏平鲉和短鳍䲗，其渔获量之和占鱼类总渔获量的15.35%，渔获尾数之和占鱼类总渔获尾数的4.97%。

秋季共捕获鱼类34种。优势种3种，分别为六丝钝尾虾虎鱼、普氏栉虾虎鱼和方氏云鳚，这3种鱼类均为中小型鱼类，其渔获量之和仅占鱼类总渔获量的18.26%，渔获尾数之和占鱼类总渔获尾数的63.57%；重要种有矛尾虾虎鱼、星康吉鳗和长吻红舌鳎等12种，其渔获量之和占鱼类总渔获量的69.01%，渔获尾数之和占鱼类总渔获尾数的30.64%；常见种有10种，如白姑鱼、长蛇鲻、赤鼻棱鳀和小头栉孔虾虎鱼（*Ctenotrypauchen microcephalus*）等，其渔获量之和占鱼类总渔获量的11.62%，渔获尾数之和占鱼类总渔获尾数的4.55%。

冬季共捕获鱼类32种。优势种4种，分别为方氏云鳚、李氏䲗、六丝钝尾虾虎鱼和玉筋鱼，其渔获量之和占鱼类总渔获量的37.13%，渔获尾数之和占鱼类总渔获尾数的59.58%；重要种有许氏平鲉、普氏栉虾虎鱼、鲮、钟馗虾虎鱼（*Triaenopogon barbatus*）、斑尾刺虾虎鱼等12种，其渔获量之和占鱼类总渔获量的55.33%，渔获尾数之和占鱼类总渔获尾数的37.84%；常见种有5种，分别为缢鳚、裸项栉虾虎鱼（*Ctenogobius gymnauchen*）、孔鳐、云鳚（*Pholis nebulosa*）和褐牙鲆，其渔获量之和占鱼类总渔获量的6.51%，渔获尾数之和占鱼类总渔获尾数的1.61%。

2. 虾类优势种

2011年胶州湾虾类[①]群落全年优势种有4种，分别为口虾蛄、鹰爪虾、葛氏长臂虾和细巧仿对虾，其渔获量之和占虾类总渔获量的90.42%，渔获尾数之和占虾类总渔获尾数的54.57%；重要种5种，分别为海蜇虾、日本鼓虾（*Alpheus japonicus*）、疣背宽额虾、脊腹褐虾（*Crangon affinis*）和脊尾白虾，其渔获量之和占虾类总渔获量的8.52%，渔获尾数之和占虾类总渔获尾数的41.42%；常见种2种，分别为戴氏赤虾（*Metapenaeopsis dalei*）和鲜明鼓虾（*Alpheus disinguendus*），其渔获量占虾类总渔获量的0.58%，渔获尾数占虾类总渔获尾数的3.73%。

春季共捕获虾类12种。优势种5种，分别为口虾蛄、细巧仿对虾、脊腹褐虾、海蜇虾和疣背宽额虾，其渔获量之和占虾类总渔获量的91.84%，渔获尾数之和占虾类总渔获尾数的77.85%；重要种3种，分别为日本鼓虾、戴氏赤虾和葛氏长臂虾，其渔获量之和占虾类总渔获量的7.76%，渔获尾数之和占虾类总渔获尾数的21.97%；常见种1种，为鲜明鼓虾，其渔获量占虾类总渔获量的0.32%，渔获尾数占虾类总渔获尾数的0.10%。

夏季共捕获虾类11种。优势种2种，分别为鹰爪虾和口虾蛄，其渔获量之和占虾类总渔获量的95.88%，渔获尾数之和占虾类总渔获尾数的88.20%；重要种2种，分别为细巧仿对虾和葛氏长臂虾，其渔获量之和占虾类总渔获量的3.28%，渔获尾数之和占虾类总渔获尾数的9.95%；常见种2种，分别为海蜇虾和鲜明鼓虾，其渔获量占虾类总渔获量的0.50%，渔获尾数占虾类总渔获尾数的1.51%。

秋季共捕获虾类15种。优势种5种，分别为葛氏长臂虾、鹰爪虾、口虾蛄、细巧仿对虾和日本鼓虾，其渔获量之和占虾类总渔获量的97.80%，渔获尾数之和占虾类总渔获

① 为便于描述，本书中虾类包括十足目和口足目的口虾蛄，未将口虾蛄单独列为其他类群。

尾数的98.44%；常见种4种，分别为脊腹褐虾、鲜明鼓虾、凡纳滨对虾（*Litopenaeus vannamei*）和中华安乐虾（*Eualus sinensis*），其渔获量之和占虾类总渔获量的1.93%，渔获尾数之和占虾类总渔获尾数的0.85%。

冬季共捕获虾类18种。优势种6种，分别为脊尾白虾、疣背宽额虾、海蜇虾、脊腹褐虾、日本鼓虾和葛氏长臂虾，其渔获量之和占虾类总渔获量的85.75%，渔获尾数之和占虾类总渔获尾数的95.60%；重要种4种，分别为口虾蛄、细巧仿对虾、长足七腕虾（*Heptacarpus rectirostris*）和鲜明鼓虾，其渔获量之和占虾类总渔获量的13.62%，渔获尾数之和占虾类总渔获尾数的3.48%；常见种1种，为细螯虾（*Leptochela gracilis*），其渔获量之占虾类总渔获量的0.16%，渔获尾数之占虾类总渔获尾数的0.30%。

3. 蟹类优势种

2011年胶州湾蟹类群落全年优势种有2种，分别为双斑蟳和日本蟳，其渔获量之和占蟹类总渔获量的84.88%，渔获尾数之和占蟹类总渔获尾数的89.50%；重要种3种，分别为日本关公蟹（*Dorippe japonica*）、寄居蟹（*Pagurus* sp.）和强壮菱蟹（*Enoploambrus valida*），其渔获量之和占蟹类总渔获量的12.82%，渔获尾数之和占蟹类总渔获尾数的8.07%；常见种2种，分别为隆线强蟹（*Eucrate crenata*）和四齿矶蟹（*Pugettia quadridens*），其渔获量之和占蟹类总渔获量的1.16%，渔获尾数之和占蟹类总渔获尾数的0.97%。

春季共捕获蟹类7种。双斑蟳为绝对的优势种，其渔获量占蟹类总渔获量的94.66%，渔获尾数占蟹类总渔获尾数的97.80%；重要种为寄居蟹，其渔获量占蟹类总渔获量的4.39%，渔获尾数占蟹类总渔获尾数的0.94%；其余均为一般种和少见种。

夏季共捕获蟹类9种。优势种3种，分别为双斑蟳、日本蟳和日本关公蟹，其渔获量之和占蟹类总渔获量的89.59%，渔获尾数之和占蟹类总渔获尾数的89.40%；重要种3种，分别为强壮菱蟹、寄居蟹和隆线强蟹，其渔获量之和占蟹类总渔获量的9.58%，渔获尾数之和占蟹类总渔获尾数的10.30%；其余均为一般种和少见种。

秋季捕获蟹类14种。优势种2种，分别为日本蟳和双斑蟳，其渔获量之和占蟹类总渔获量的96.03%，渔获尾数之和占蟹类总渔获尾数的73.92%；重要种为三疣梭子蟹，其渔获量占蟹类总渔获量的1.02%，渔获尾数占蟹类总渔获尾数的7.92%；常见种8种，分别为寄居蟹、隆线强蟹、泥足隆背蟹（*Carcinoplax vestitus*）、特异大权蟹（*Xantho distinguendus*）、海笋豆蟹（*Pinnotheres pholadis*）、斜方五角蟹（*Nursia rhomboidalis*）、蓝氏三强蟹（*Tritodynamia rathbunae*）和日本关公蟹，其渔获量之和占蟹类总渔获量的2.47%，渔获尾数之和占蟹类总渔获尾数的16.02%。

冬季捕获蟹类16种。优势种2种，分别为四齿矶蟹和隆线强蟹，其渔获量之和占蟹类总渔获量的56.23%，渔获尾数之和占蟹类总渔获尾数的59.74%；重要种5种，分别为绒毛细足蟹（*Raphidopus ciliatus*）、日本关公蟹、艾氏活额寄居蟹（*Diogenes ed-*

wardsii)、蓝氏三强蟹和强壮菱蟹，其渔获量之和占蟹类总渔获量的30.41%，渔获尾数之和占蟹类总渔获尾数的26.50%；常见种8种，分别为异足倒颚蟹（*Asthenognathus inaequipes*）、仿盲蟹（*Typhlocarcinops* sp.）、日本蟳、尖齿拳蟹（*Philyra acutidens*）、寄居蟹、豆蟹科（Pinnotheridae）、双斑蟳和贪精武蟹（*Parapanope euagora*），其渔获量之和占蟹类总渔获量的13.16%，渔获尾数之和占蟹类总渔获尾数的12.83%；一般种只有1种，为小刺毛刺蟹（*Pilumnus spinulus*），渔获量占蟹类总渔获量的0.20%，渔获尾数占蟹类总渔获尾数的0.93%。

4. 头足类优势种

2011年胶州湾头足类群落优势种有2种，分别为枪乌贼和长蛸，其渔获量之和占头足类总渔获量的85.85%，渔获尾数之和占头足类总渔获尾数的76.17%；重要种2种，为短蛸和双喙耳乌贼（*Sepiola birostrata*），其渔获量之和占头足类总渔获量的14.07%，渔获尾数之和占头足类总渔获尾数的23.39%；四盘耳乌贼（*Euprymna morsei*）为一般种，其渔获量占头足类总渔获量的0.08%，渔获尾数占头足类总渔获尾数的0.44%。

春季共捕获头足类5种。优势种有双喙耳乌贼、长蛸和枪乌贼，它们的渔获量之和占头足类总渔获量的95.33%，渔获尾数之和占头足类总渔获尾数的98.34%。其中，双喙耳乌贼的渔获尾数百分比最高，为72.02%；长蛸的重量百分比最高，为78.24%；而枪乌贼占的比例均较低，优势度也排在最后一位。常见种有2种，分别为短蛸和四盘耳乌贼，其渔获量之和占头足类总渔获量的4.67%，渔获尾数之和占头足类总渔获尾数的1.66%。

夏季共捕获头足类4种。枪乌贼为绝对的优势种，其渔获量占头足类总渔获量的91.81%，渔获尾数占头足类总渔获尾数的95.42%；其余种类所占比例均较低，为一般种或少见种。

秋季共捕获头足类5种。优势种为枪乌贼、长蛸和短蛸，其渔获量之和占头足类全部渔获量的99.90%，渔获尾数之和占头足类全部渔获尾数的97.97%。枪乌贼的渔获重量百分比和渔获尾数百分比分别为52.00%和90.40%，是绝对的优势种。

冬季头足类只有2种，分别为短蛸和长蛸。其中，短蛸优势度大于长蛸，短蛸渔获量占头足类总渔获量的83.68%，渔获尾数占头足类总渔获尾数的87.01%；长蛸所占比例较低。

（三）优势种组成的年际变化

同20世纪80年代调查资料相比，带鱼、黄姑鱼等传统经济种类所占比例大幅度降低，目前有一定资源量比例的经济种类主要为口虾蛄、长蛸、短蛸、日本蟳等大型无脊椎动物。胶州湾作为育幼场的功能依然存在，根据2009年的调查资料，胶州湾水域有超过40种幼鱼被捕获，其中不乏一些经济种类，如许氏平鲉和钝吻黄盖鲽等，但占优势的种类主要为低值鱼类，表明胶州湾的产卵、育肥场功能有所下降，应加强胶州湾近岸水域生态环境和渔业资源的保护及修复（曾慧慧 等，2012；徐宾铎 等，2013）。根据2015年6月胶州湾水域的鱼卵和仔、稚鱼调查，胶州湾水域仍有多种鱼类在此海域产卵育幼，而且存在蓝点马鲛、皮氏叫姑鱼、斑鰶、多鳞鱚、青鳞小沙丁鱼、白姑鱼等多种经济鱼类的鱼卵和仔、稚鱼，这表明胶州湾仍是多种鱼类重要的产卵、育幼场所，对于渔业资源早期补充和渔业资源养护具有重要作用，保护胶州湾渔业资源已刻不容缓。

与历史数据对比，胶州湾海域优势种发生了明显变化。20世纪80年代，胶州湾的鱼类优势种以青鳞小沙丁鱼和斑鰶为主，其次为中颌棱鳀和赤鼻棱鳀等。不同季节优势种存在一定的差异，其中，春季（3—5月）的优势种为褐牙鲆和青鳞小沙丁鱼；秋季（10—11月）的优势种为斑鰶；冬季（12至翌年2月）的优势种为鲮和长绵鳚（刘瑞玉，1992）。2003—2004年，胶州湾的优势种已由低值小型鱼类代替经济价值较高的种类，其中，方氏云鳚和玉筋鱼等成为渔业生物优势种（曾晓起 等，2004）；2008—2009年，六丝钝尾虾虎鱼为胶州湾秋、冬季的优势种，而小黄鱼为秋季的优势种，鲮为冬季的优势种（梅春 等，2010）；2009—2010年胶州湾北部浅水区鱼类群落的优势种类，主要以尖海龙、鳀和虾虎鱼类等低值小型鱼类为主（曾慧慧 等，2012）；2011年，胶州湾全年鱼类群落优势种为方氏云鳚和六丝钝尾虾虎鱼（翟璐 等，2014）。渔业生物资源种类和优势种的变化，主要是由高强度捕捞、海洋工程、气候变化和栖息地环境变化等多重因素造成的（翟璐 等，2014）。

三、群落结构的时空变化

渔业生物群落通常没有明显界限，群落结构经常随主要环境因子的变化逐渐或同步变化，群落间过渡带的出现通常与剧烈的物理环境变化相关。水温、水深和盐度等环境因素，是决定渔业资源分布及渔业生物群落时空格局的重要环境因子（陈大刚，1991）。

胶州湾及邻近海域位于山东半岛南部，是多种经济渔业生物的产卵场、索饵场和育幼场（刘瑞玉，1992）。该海域地处暖温带季风气候区，其渔业生物区系为暖温带性质，属于北太平洋温带区的东亚亚区（唐启升 等，1990）。胶州湾及邻近海域的水温、盐度等理化环境具有明显的季节变化，生态环境呈现出一定的时空异质性。相关研究表明，底层水温是影响胶州湾及邻近海域渔业生物群落结构月变化的主要环境因子（刘瑞玉，1992；梅春，2010；陈晓娟，2010；曾慧慧 等，2012；徐宾铎 等，2013；逄志伟 等，2014）。由于胶州湾存在大量的洄游性种类，温度对渔业生物群落的影响，主要体现在随着胶州湾海域水温的季节变化，不同生态习性的种类进入或离开胶州湾，进行产卵、索饵或者越冬等行为，从而导致了该海域渔业生物群落结构的月变化。同时，随着全球温度的升高，一些喜暖型亚热带甚至热带生物物种也开始在青岛海域频繁出现，如蓝圆鲹

（*Decapterus maruadsi*）近年来开始出现在胶州湾海域（徐宾铎　等，2013），这些种类的频繁出现，也影响着胶州湾渔业生物的群落特征。

胶州湾鱼类群落结构随季节变化有着明显的变化，根据2008—2009年的逐月调查资料，鱼类群落在40%的相似性水平上可以分为4个月份组，分别为春季、夏季、秋季和冬季月份组。各月份组间鱼类群落结构差异极显著（$P<0.01$）。春季月份组的典型种为大泷六线鱼、六丝钝尾虾虎鱼和方氏云鳚等；夏季月份组的典型种包括白姑鱼、细条天竺鱼和绿鳍鱼等；秋季月份组的主要典型种包括小黄鱼、六丝钝尾虾虎鱼和白姑鱼等；冬季月份组的典型种包括矛尾复虾虎鱼、鲮和短吻红舌鳎等。对不同月份组间平均相异性贡献较高的分歧种，包括细条天竺鱼、白姑鱼、小黄鱼、六丝钝尾虾虎鱼、绿鳍鱼、大泷六线鱼和鲮等。对月份组组内相似性贡献较大的典型种及对组间相异性贡献较大的分歧种，多是胶州湾的常栖类群或暖季类群种类。研究也发现，对胶州湾中部水域鱼类群落结构月变化影响最大的环境因子组合是底层水温和底层盐度（梅春，2010；徐宾铎　等，2010）。如在春季，随着水温的上升，许多暖温种和一些广温性的暖水种如青鳞小沙丁鱼、鳀和皮氏叫姑鱼等陆续游入胶州湾内；而在夏季冷温性种类如方氏云鳚、细纹狮子鱼等陆续离开胶州湾（徐宾铎　等，2010）。不同适温类型的鱼类交替进入胶州湾，造成了胶州湾渔业生物群落的季节变化。盐度是鱼类生活的重要环境条件，也是影响鱼类生理活动的重要因子之一，盐度通过渗透压对鱼类的各种生理活动造成显著的影响，不同鱼类具有各自适宜生活的盐度范围（姜志强　等，2005；Mustafayev and Mekhtiev，2008）。胶州湾水域盐度主要受到入海河流以及降水的影响，盐度变化范围在11.7～34.1，这种盐度的波动可能导致鱼类短距离的洄游活动（翟璐　等，2014）。

胶州湾海域的无脊椎动物群落同样可以分为4个月份组群，与传统季节划分基本一致，4个月份组群间群落结构和种类组成差异极显著（$P<0.01$）。春季组中，对组内相似性贡献较大的种类主要有口虾蛄、长蛸、短蛸和枪乌贼；秋季组中，对组内相似性贡献较大的种类为口虾蛄、长蛸、短蛸、枪乌贼和鹰爪虾；夏季组中，组内典型种主要是双斑蟳、口虾蛄和枪乌贼3种；冬季组中典型种有口虾蛄、长蛸、短蛸以及脊尾白虾。各月份组群内的典型种同时也是不同月份组群间的分歧种，而且大多是各月份组群的优势种。洄游性的鹰爪虾和枪乌贼，以及常年定居在湾内的暖温性种类如口虾蛄、长蛸和短蛸，随季节变化产生的相对渔获量和相对生物密度的变化，导致了月份组群间的差异。生物-环境因子分析表明，底层水温与底层盐度是影响胶州湾中部水域无脊椎群落结构月份变化的主要环境因子（陈晓娟，2010；逄志伟　等，2013）。其中，温度是主要的影响因子，一部分种类如三疣梭子蟹、日本蟳等对水温的变化较为敏感，春季随着水温的回升由湾外深水区游入胶州湾进行产卵繁殖，并在湾内完成索饵育肥；经过夏季、秋季的生长，到冬季随着水温的降低这些蟹类逐渐游出胶州湾到达深水区越冬（吴耀泉和柴温明，1993）；而一些定居性暖水性种类如口虾蛄，则在冬季多钻入海底洞穴或岩礁缝隙

内，使得冷温性种类在无脊椎动物群落中的比例增加（刘瑞玉 等，2001）。

胶州湾的渔业生物在空间上也呈现出不同的特征，这与胶州湾复杂的环境因子和底质类型有十分密切的关系（翟璐 等，2014）。底质类型是影响生物群落结构的关键因素（臧维玲 等，2003；廖一波 等，2007），其对渔业生物群落结构的影响可能是多方面的，某些鱼类有特定的栖息环境，如许氏平鲉常栖息于近海岩礁地带、清水砾石区域及海藻丛生的海区、洞穴中（朱龙和隋风美，1999）；而另一些种类的空间分布则是基于摄食需求，一些小型的饵料生物如底栖无脊椎生物、小型浮游动物的空间分布受底质、水温和盐度等环境因子以及水动力学的影响较大，从而间接影响了其捕食者的空间分布特征，进而影响着渔业生物群落结构的空间格局。有研究表明，胶州湾大型底栖生物的生物量同盐度和水深呈负相关，与有机质含量呈正相关（于海燕 等，2006；朱爱美 等，2006）。底栖生物的空间分布特征，进一步影响了其捕食者的空间分布。而一些小型底栖生物则适宜在粉沙-黏土类型的海域生存（王金宝 等，2016），导致了以这些生物为食的虾虎鱼类也多集中在黏土类型底质的海域中（翟璐 等，2014）。

第六章
渔业生物资源数量分布与渔业生物学特征

本章根据2011年冬季（2月）、春季（5月）、夏季（8月）和秋季（11月）在胶州湾及其邻近海域进行4个航次的渔业资源底拖网调查数据和生物学测定数据，并结合2008—2009年在胶州湾海域的渔业资源底拖网调查数据，分析了胶州湾及邻近海域渔业资源密度（本章中以单位网次渔获量表示的相对资源密度来表示）的时空变化，估算了该水域渔业资源量，总结了主要渔业种类的群体组成、性成熟和食性等基本渔业生物学特征。

第一节　渔业生物资源密度

根据2011年在胶州湾及邻近海域进行的渔业生物资源季度调查，全年平均总渔业资源密度为（13.78±8.31）kg/h。以生态类群计，鱼类年平均资源密度为（4.37±0.71）kg/h，其中，湾内平均资源密度为3.76 kg/h，湾口平均资源密度为5.15 kg/h，湾外平均资源密度为4.19 kg/h；虾类[①]年平均资源密度为（5.65±3.75）kg/h，其中，湾内平均资源密度为9.92 kg/h，湾口平均资源密度为2.88 kg/h，湾外平均资源密度为4.14 kg/h；蟹类年平均资源密度为（1.51±0.60）kg/h，其中，湾内平均资源密度为1.88 kg/h，湾口平均资源密度为0.81 kg/h，湾外平均资源密度为1.83 kg/h；头足类年平均资源密度为（2.26±0.46）kg/h，其中，湾内平均资源密度为2.76 kg/h，湾口平均资源密度为1.85 kg/h，湾外平均资源密度为2.17 kg/h（图6-1）。

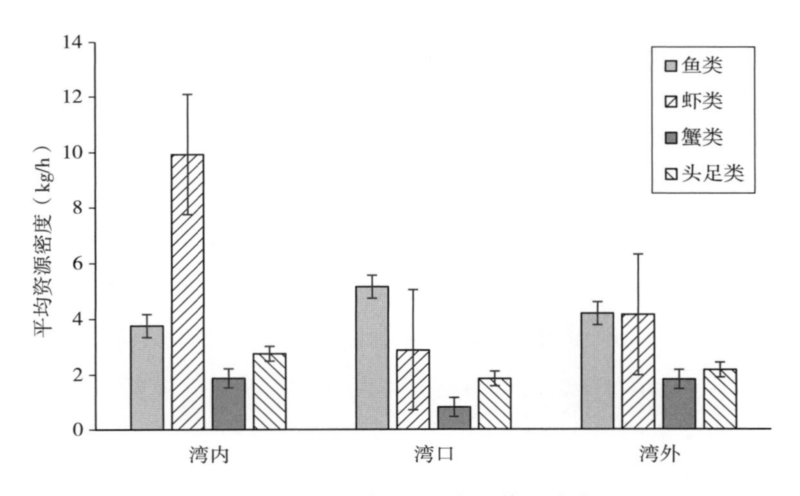

图6-1　胶州湾渔业生物的资源密度

① 为便于描述，本书中虾类包括十足目和口足目的口虾蛄，未将口虾蛄单独列为其他类群。

与20世纪80年代初调查结果相比，渔业资源呈现衰退趋势。以鱼类为例，鱼类种类数与占总渔获量的比例都呈现较大幅度的下降，种数由109种变为2011年的58种，20世纪80年代的斑鰶（*Konosirus punctatus*）、鲅（*Liza haematocheila*）、褐牙鲆（*Pleuronectiformes*）等49种重要鱼类的平均资源密度都有不同程度的下降（刘瑞玉，1992）。2011年渔业资源构成中，虾类平均资源密度最高，占总资源密度的41%；其次为鱼类，占总资源密度的32%；蟹类占总资源密度的16%；头足类占11%（图6-2）。

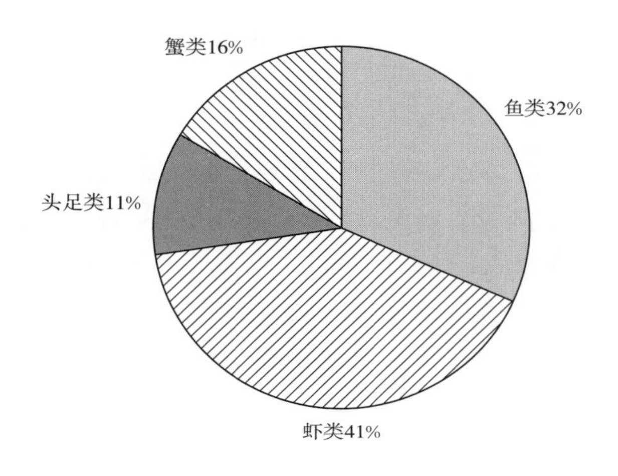

图6-2 胶州湾各渔业生物类群占总渔获量的比例

一、渔业资源密度的季节变化

2011年胶州湾及邻近海域渔业资源密度呈现明显的季节变化。夏季平均渔业资源密度最高，为25.38 kg/h；其次为秋季，资源密度为13.47 kg/h；春季资源密度为10.26 kg/h；冬季资源密度最低，仅为6.00 kg/h。夏季渔获物中虾类的资源密度最大，为14.37 kg/h，其次为蟹类，资源密度为4.04 kg/h，鱼类资源密度为3.55 kg/h，头足类资源密度为3.41 kg/h；秋季渔获物中鱼类和虾类的资源密度都较大，分别为5.00 kg/h和4.16 kg/h，头足类资源密度为3.82 kg/h，蟹类资源密度最低，为0.49 kg/h；春季渔获物中鱼类在渔获中占最大比重，资源密度为5.05 kg/h，虾类资源密度为2.55 kg/h，蟹类和头足类资源密度较低，分别为1.45 kg/h和1.20 kg/h；冬季渔业资源密度在全年中最低，渔获物中鱼类所占比重最大，资源密度为3.86 kg/h，其次为虾类，资源密度为1.50 kg/h，蟹类和头足类资源密度低，分别为0.04 kg/h和0.60 kg/h（图6-3）。

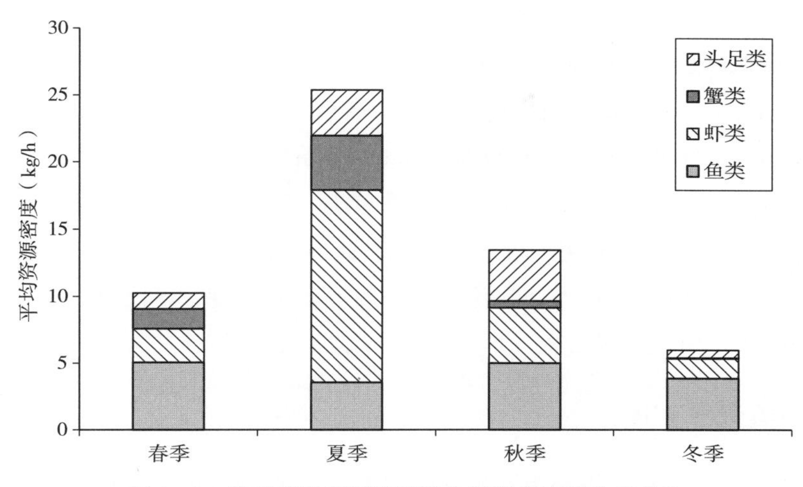

图 6-3　胶州湾及邻近海域渔业资源密度的季节变化

（一）鱼类资源密度

2011 年胶州湾及邻近海域鱼类资源密度的季节变化和区域变化如图 6-4 所示。

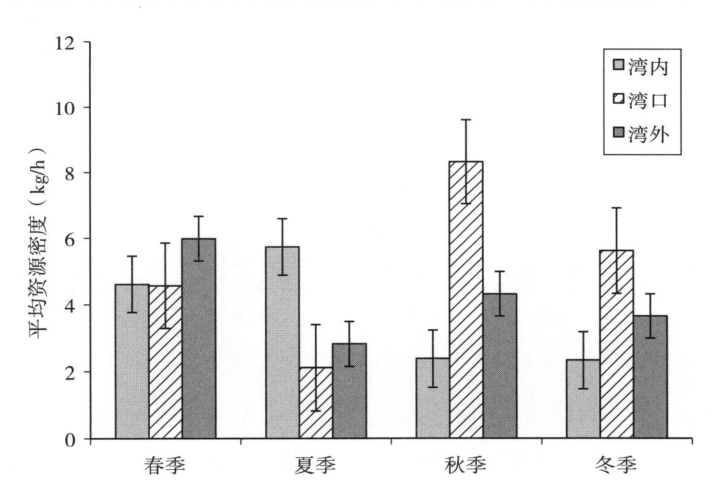

图 6-4　胶州湾及邻近海域鱼类平均资源密度的季节变化

春季不同调查站位的鱼类资源密度变化范围为 1.26～15.94 kg/h，平均资源密度为 (5.05±0.80) kg/h。其中，湾内平均鱼类资源密度为 4.61 kg/h，湾口平均鱼类资源密度为 4.56 kg/h，湾外平均鱼类资源密度为 5.98 kg/h。

夏季不同调查站位的鱼类资源密度范围为 0.32～11.61 kg/h，平均鱼类资源密度为 (3.55±1.92) kg/h。其中，湾内平均鱼类资源密度为 5.73 kg/h，湾口平均鱼类资源密度为 2.10 kg/h；湾外平均鱼类资源密度为 2.81 kg/h。

秋季不同调查站位的鱼类资源密度范围为 1.15～11.63 kg/h，平均资源密度为 (5.00±3.03) kg/h。其中，湾内平均鱼类资源密度为 2.37 kg/h，湾口平均鱼类资源密度为 8.31 kg/h，湾外平均鱼类资源密度为 4.31 kg/h。

冬季不同调查站位的鱼类资源密度范围为 0.32～8.00 kg/h，平均资源密度为（3.86±1.66）kg/h。其中，湾内平均鱼类资源密度为 2.32 kg/h，湾口平均鱼类资源密度为 5.61 kg/h，湾外平均鱼类资源密度为 3.65 kg/h。

胶州湾鱼类资源密度季节变化明显。秋季鱼类资源密度最高，其中，湾口资源密度远高于湾内和湾外；春季资源密度仅次于秋季，湾外、湾口和湾内的资源分布相对均匀，湾外略高于湾口和湾内；除夏季处于休渔期，鱼类资源密度较低之外，冬季鱼类资源密度最低，其中，湾内资源密度最低，湾口资源密度最高。

（二）虾类资源密度

2011 年胶州湾及邻近海域虾类资源密度的季节变化和区域变化如图 6－5 所示。

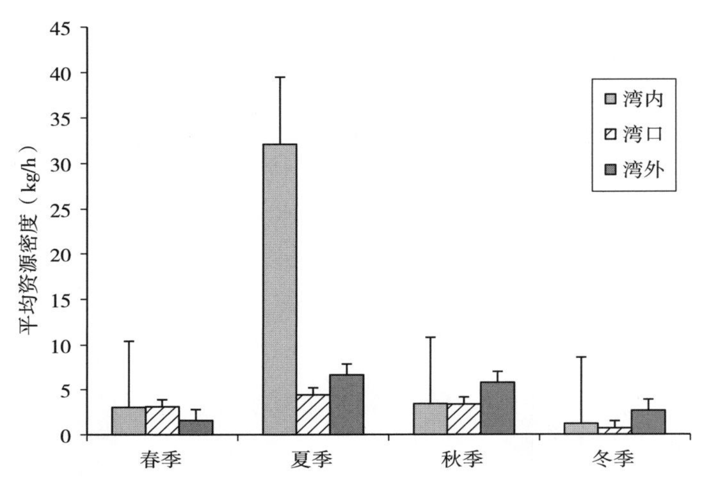

图 6－5　胶州湾及邻近海域虾类平均资源密度的季节变化

春季不同调查站位的虾类资源密度范围为 0.00～5.04 kg/h，平均资源密度为（2.55±0.86）kg/h。其中，湾内虾类资源的平均资源密度为 3.01 kg/h，湾口虾类资源的平均资源密度为 3.09 kg/h，湾外虾类资源的平均资源密度为 1.56 kg/h。

夏季不同调查站位的虾类资源密度范围为 0.01～56.48 kg/h，平均资源密度为（14.37±15.38）kg/h。其中，湾内虾类资源的平均资源密度为 32.08 kg/h，湾口虾类资源的平均资源密度为 4.40 kg/h，湾外虾类资源的平均资源密度为 6.63 kg/h。

秋季不同调查站位的虾类资源密度范围为 0.61～12.08 kg/h，平均资源密度为（4.16±1.38）kg/h。其中，湾内虾类资源的平均资源密度为 3.39 kg/h，湾口虾类资源的平均资源密度为 3.34 kg/h，湾外虾类资源的平均资源密度为 5.76 kg/h。

冬季不同调查站位的虾类资源密度范围为 0.11～3.20 kg/h，平均资源密度仅为（1.50±1.01）kg/h。其中，湾内虾类资源的平均资源密度为 1.18 kg/h，湾口虾类资源的平均资源密度为 0.69 kg/h，湾外虾类资源的平均资源密度为 2.63 kg/h。

胶州湾虾类的平均资源密度呈现明显的季节变化，其中，夏季虾类的平均资源密度远远高于其他季节，是春季和秋季的 4 倍多；春季、秋季平均虾类资源密度较为接近；而冬季平均资源密度远远低于其他季节。

（三）蟹类资源密度

2011 年胶州湾及邻近海域蟹类源密度的季节变化和区域变化如图 6－6 所示。

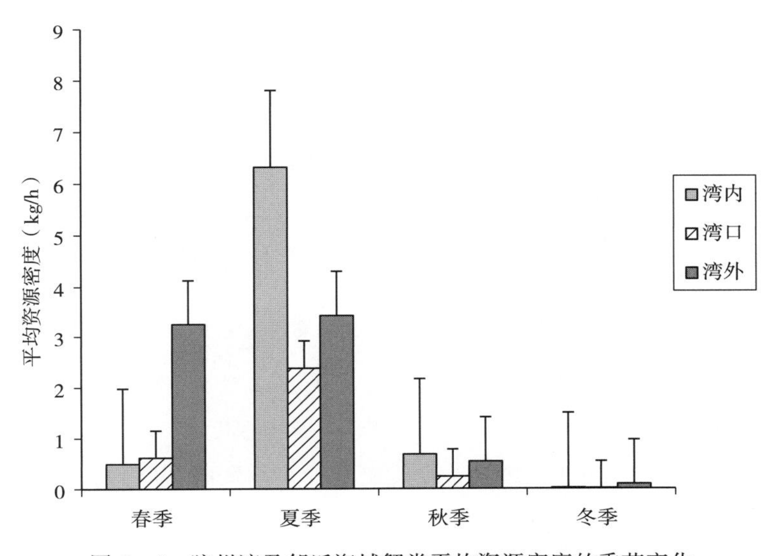

图 6－6 胶州湾及邻近海域蟹类平均资源密度的季节变化

春季共捕获蟹类 7 种，不同调查站位的蟹类资源密度范围为 0.00～10.15 kg/h，平均资源密度为（1.45±1.56）kg/h。其中，湾内蟹类资源的平均资源密度为 0.49 kg/h，湾口蟹类资源的平均资源密度为 0.62 kg/h，湾外蟹类资源的平均资源密度为 3.25 kg/h。

夏季不同调查站位的蟹类资源密度范围为 0.93～8.87 kg/h，平均资源密度为（4.04±2.04）kg/h。其中，湾内蟹类资源的平均资源密度为 6.31 kg/h，湾口蟹类资源的平均资源密度为 2.38 kg/h，湾外蟹类资源的平均资源密度为 3.42 kg/h。

秋季不同调查站位的蟹类资源密度范围为 0.01～2.91 kg/h，平均资源密度为（0.49±0.22）kg/h。其中，湾内蟹类资源的平均资源密度为 0.68 kg/h，湾口蟹类资源的平均资源密度为 0.24 kg/h，湾外蟹类资源的平均资源密度为 0.54 kg/h。

冬季不同调查站位的蟹类资源密度范围为 0.01～0.07 kg/h，平均资源密度为（0.04±0.05）kg/h。其中，湾内蟹类资源的平均资源密度为 0.02 kg/h，湾口蟹类资源的平均资源密度为 0.01 kg/h，湾外蟹类资源的平均资源密度为 0.09 kg/h。

胶州湾蟹类的平均资源密度有明显的季节变化，其中，夏季平均资源密度最高，其次是春季，两者差距不大；秋季次之；冬季的蟹类平均资源密度几乎为零，这与冬季胶州湾内水温低，不利于蟹类生殖、索饵等行为有关。

（四）头足类资源密度

2011 年胶州湾及邻近海域头足类资源密度的季节变化和区域变化如图 6－7 所示。

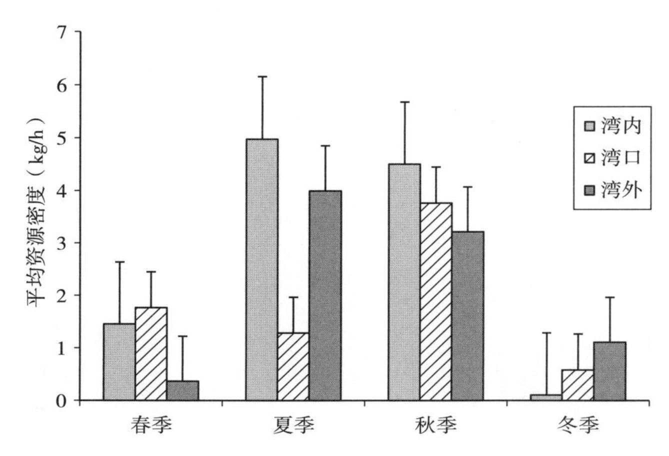

图 6－7　胶州湾及邻近海域头足类平均资源密度的季节变化

春季不同调查站位的头足类资源密度范围为 0.12～4.33 kg/h，平均资源密度为（1.2±0.73）kg/h。其中，湾内头足类资源的平均资源密度为 1.45 kg/h，湾口头足类资源的平均资源密度为 1.77 kg/h，湾外头足类资源的平均资源密度为 0.37 kg/h。

夏季不同调查站位的头足类资源密度范围为 0.07～8.03 kg/h，平均资源密度为（3.42±1.91）kg/h。其中，湾内头足类资源的平均资源密度为 4.98 kg/h，湾口头足类资源的平均资源密度为 1.29 kg/h，湾外头足类资源的平均资源密度为 3.99 kg/h。

秋季不同调查站位的头足类资源密度范围为 0.61～6.10 kg/h，平均资源密度为（3.82±0.65）kg/h。其中，湾内头足类资源的平均资源密度为 4.50 kg/h，湾口头足类资源的平均资源密度为 3.76 kg/h，湾外头足类资源的平均资源密度为 3.21 kg/h。

冬季不同调查站位的头足类资源密度范围为 0.01～3.30 kg/h，平均资源密度为（0.60±0.50）kg/h。其中，湾内头足类资源的平均资源密度为 0.11 kg/h，湾口头足类资源的平均资源密度为 0.58 kg/h，湾外头足类资源的平均资源密度为 1.11 kg/h。

胶州湾头足类的平均资源密度有明显的季节变化，夏季胶州湾头足类的平均资源密度最高，其次为秋季和冬季，春季头足类的平均资源密度最低。这主要是由于枪乌贼等种类春季产卵，夏季资源量得到补充，在胶州湾附近水域觅食洄游。

二、渔业资源密度的空间变化

2011 年胶州湾的渔业资源密度随季节变化呈现不同的空间分布规律。春季胶州湾湾内、湾口、湾外渔业资源分布相对平均，夏季胶州湾渔业资源分布不均匀，秋季胶州湾湾内、湾口、湾外资源密度存在较小的差异，冬季胶州湾渔业资源密度较其他季节明显降低，且资源密度分布也不均匀。春季渔业资源密度最高的为湾外水域，其次为湾口，湾内水域渔业资源密度最低。夏季胶州湾渔业资源湾内资源密度远高于湾口和湾外，是湾口资源密度的5倍、湾外资源密度的3倍。秋季胶州湾渔业资源密度最高的为湾口水域，其次为湾外，湾内水域渔业资源密度最小。冬季胶州湾湾外渔业资源密度最高，其次为湾口，湾内渔业资源密度最低。

（一）鱼类资源密度的空间变化

胶州湾及其邻近海域各季节鱼类资源密度的空间分布如图6-8所示。

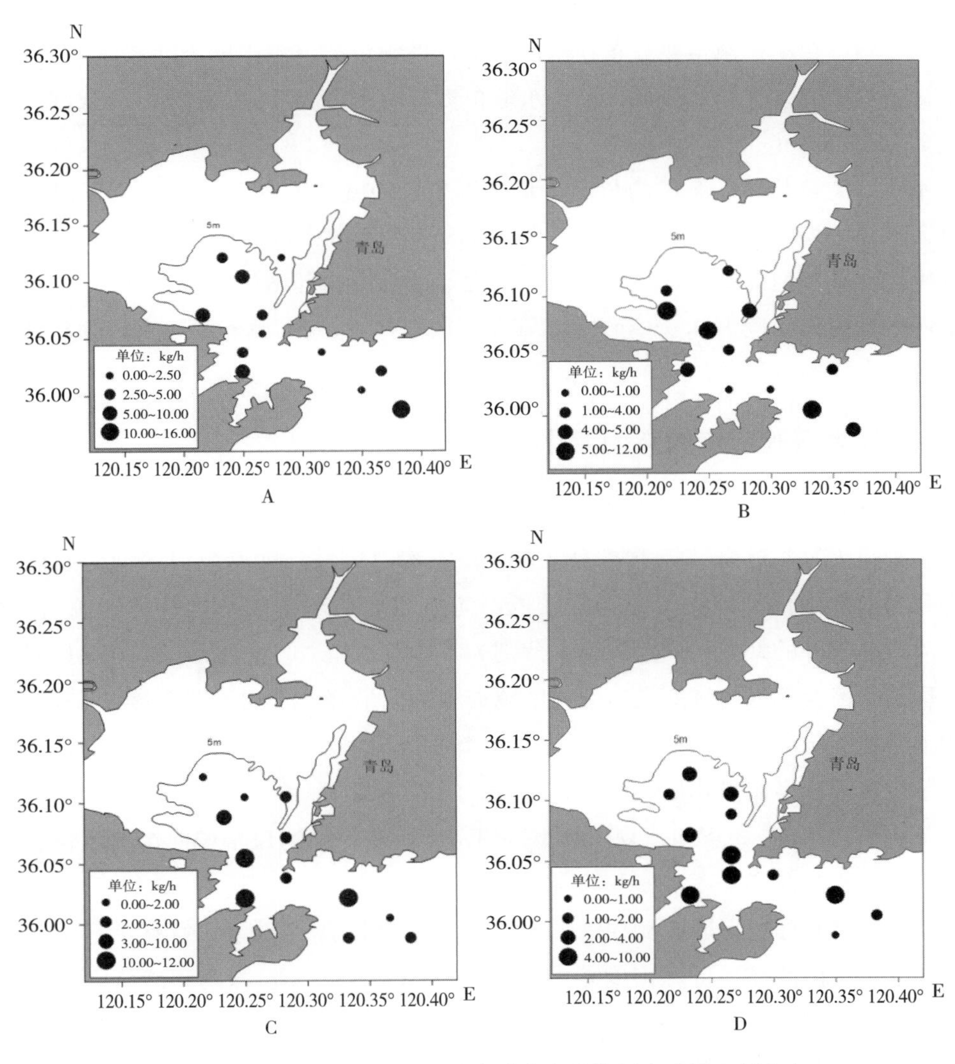

图6-8 胶州湾及其邻近海域各季节鱼类资源密度的空间分布

A. 春季 B. 夏季 C. 秋季 D. 冬季

春季胶州湾及其邻近海域的鱼类资源密度在湾外较高，平均资源密度为 5.98 kg/h，湾内和湾口鱼类平均资源密度分别为 4.61 kg/h 和 4.56 kg/h。胶州湾内靠近东部沿岸水域鱼类资源密度相对较低，而胶州湾内中心水域以及靠近湾口的南部水域鱼类资源密度较高，湾外东部水域鱼类资源密度最高。

夏季胶州湾及其邻近海域的鱼类资源密度较春季降低，湾内平均资源密度最高，为 5.73 kg/h，湾口和湾外鱼类平均资源密度分别为 2.10 kg/h 和 2.81 kg/h。随着夏季水温的升高，胶州湾外部分鱼类进入湾内进行索饵，导致湾内鱼类资源密度上升较快，且主要集中在湾内南部海域，湾内北部海域鱼类资源密度相对较低。与此同时，湾口资源密度低于湾内和湾外海域。

秋季胶州湾及其邻近海域的鱼类资源密度较夏季有所回升，与春季鱼类资源密度基本持平。其中，鱼类资源主要分布在湾口区域，平均鱼类资源密度为 8.31 kg/h，湾内和湾外水域鱼类资源密度相对较低，湾外水域鱼类资源密度为 4.31 kg/h，湾内区域鱼类资源密度为 2.37 kg/h。

冬季胶州湾及其邻近海域的鱼类平均资源密度较夏季有所下降，鱼类资源主要分布在湾口区域，平均资源密度为 5.61 kg/h，湾内平均资源密度为 2.32 kg/h，其中湾内调查站位中，北部和南部站位鱼类资源密度较大，而东、西部站位鱼类资源密度相抵较小；湾外水域平均资源密度为 3.64 kg/h，靠近湾口的站位鱼类资源密度较大，远离湾口的湾外站外鱼类资源密度较小。

（二）虾类资源密度的空间变化

胶州湾及其邻近海域各季节虾类资源密度的空间分布如图 6－9 所示。

春季胶州湾及邻近海域虾类资源主要分布在湾口区域，远离湾口的湾外站位以及湾内中部和西南部站位的虾类资源密度较低，湾内北部和东南部站位虾类资源密度较高。湾内、湾口和湾外的虾类平均资源密度分别为 3.01 kg/h、3.09 kg/h 和 1.55 kg/h。

夏季胶州湾及邻近海域虾类在湾内区域资源密度最高，平均资源密度为 32.08 kg/h，湾内调查站位资源分布相对均匀，各站位虾类的资源密度比其他调查航次高。其次，湾外虾类平均资源密度明显降低，为 6.63 kg/h；湾口区域的虾类资源密度最低，为 4.40 kg/h。由虾类资源密度空间分布可知，夏季虾类资源密度由湾外和湾口水域向饵料及营养盐丰富的湾内水域逐渐升高。

秋季胶州湾及邻近海域虾类在湾外区域资源密度较高，平均资源密度为 5.76 kg/h，湾外北部沿岸站位的虾类资源密度较南部水域资源密度高。在湾内和湾口区域的虾类平均资源密度较低，分别为 3.39 kg/h 和 3.34 kg/h。但湾内西北部个别站位虾类资源密度较高，北部和东部海域资源密度最低。湾口附近站位虾类资源分布相对均匀。秋季虾类资源有从湾内向湾外移动的趋势。

冬季胶州湾及邻近海域虾类在湾外区域资源密度较高，平均资源密度为 1.53 kg/h，在湾外和湾口区域的虾类资源密度较低，平均资源密度分别为 0.83 kg/h 和 0.75 kg/h。虾类资源主要分布在湾内北部、东部以及湾口水域的站位附近，湾内西部和湾口南部水域虾类资源密度较低。另外，湾外远离湾口的水域，同样存在虾类资源密度较大的站位。

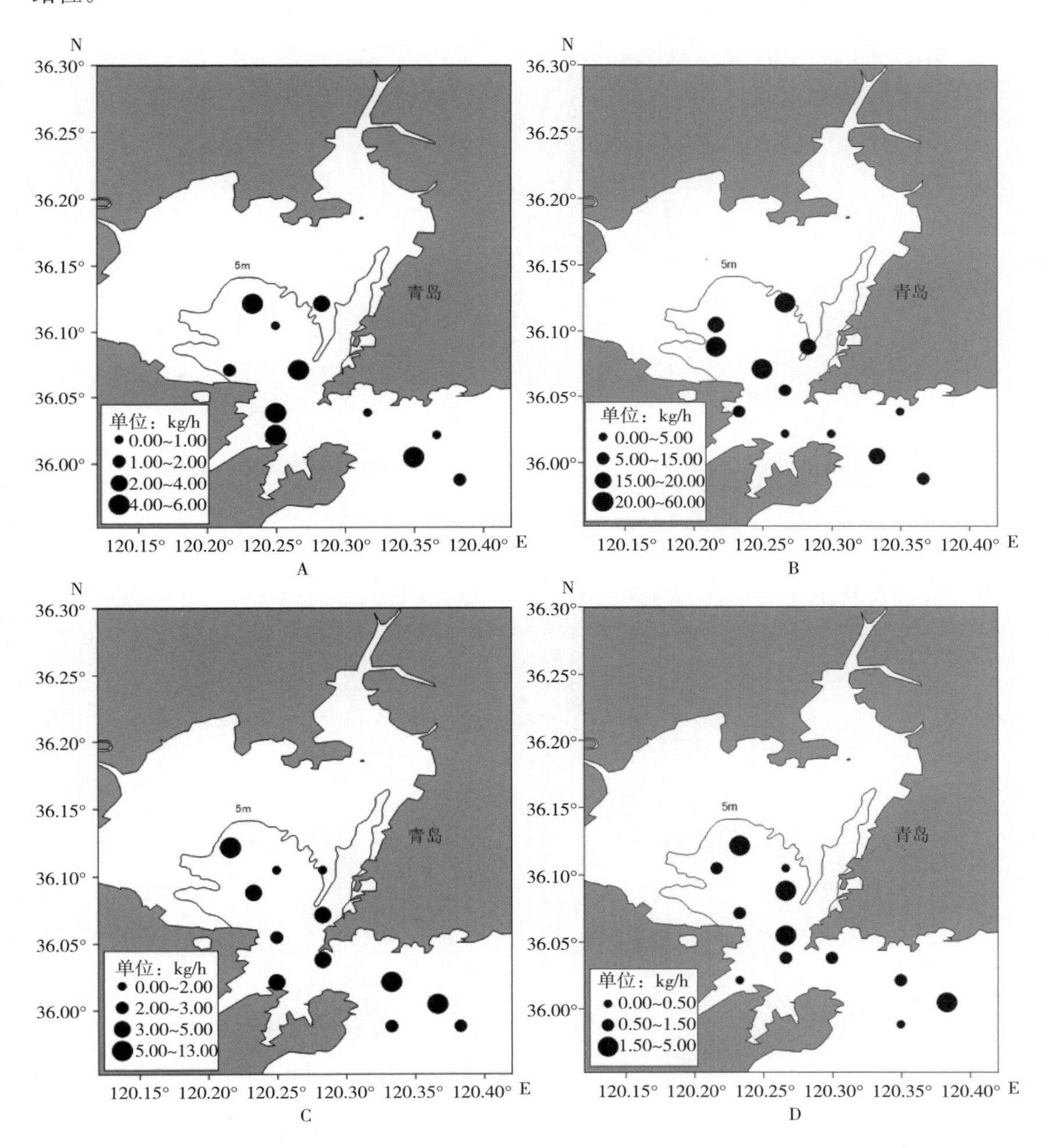

图 6-9　胶州湾及其邻近海域各季节虾类资源密度的空间分布

A. 春季　B. 夏季　C. 秋季　D. 冬季

(三) 蟹类资源密度的空间变化

胶州湾及其邻近海域各季节蟹类资源密度的空间分布如图 6-10 所示。

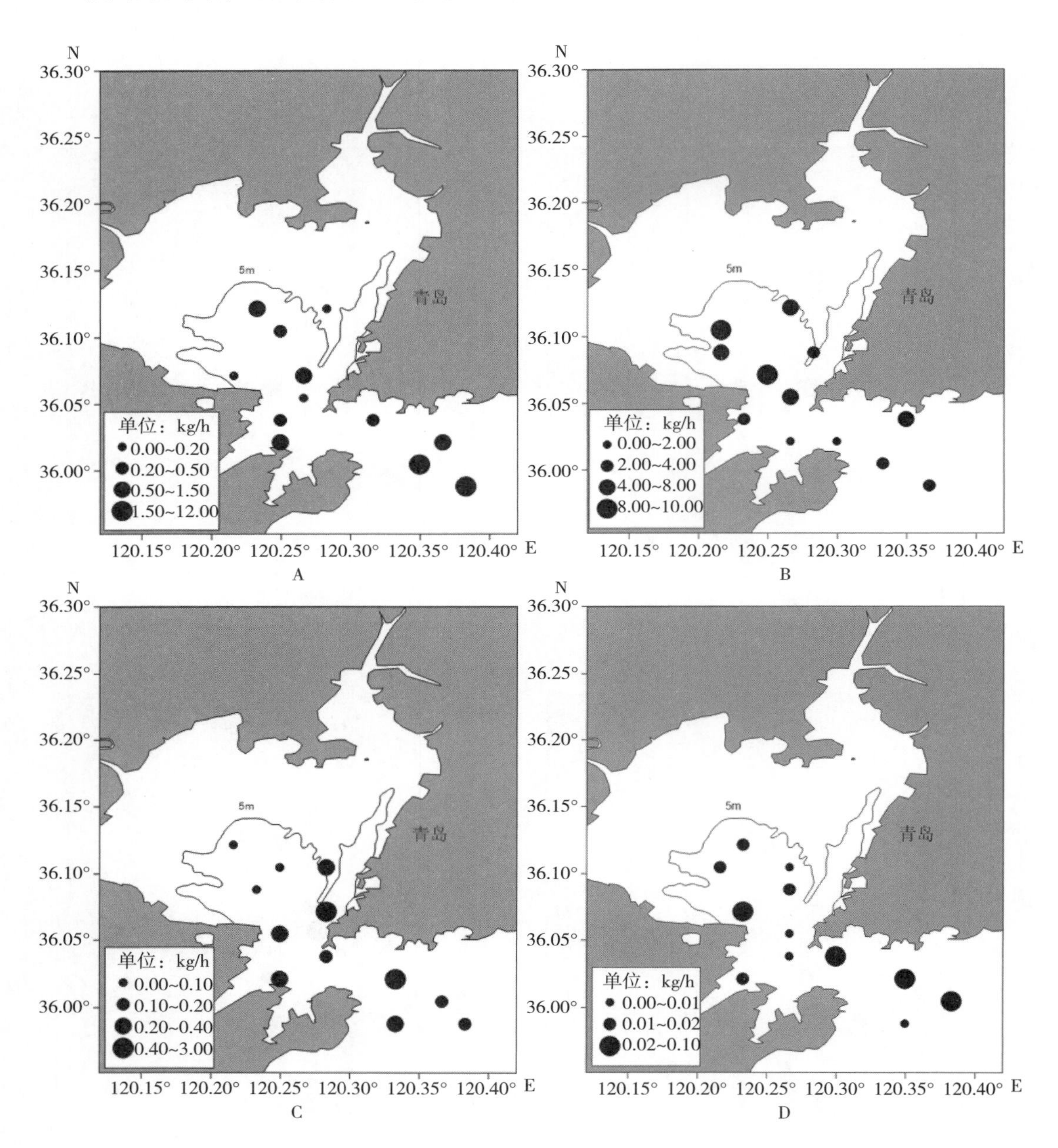

图 6-10 胶州湾及其邻近海域各季节蟹类资源密度的空间分布

A. 春季 B. 夏季 C. 秋季 D. 冬季

春季胶州湾及其邻近海域蟹类主要集中出现在湾外区域，其平均资源密度为 3.25 kg/h，尤其是在远离湾口的站位蟹类资源密度较大。湾口和湾内的蟹类平均资源密度相对较低，分别为 0.62 kg/h 和 0.49 kg/h。蟹类资源密度在湾口南部站位高于湾口北部站位，蟹类资源密度湾内中部高于东、西沿岸站位。

夏季胶州湾及其邻近海域蟹类主要出现在湾内海域，平均资源密度为 6.32 kg/h；湾口和湾外水域蟹类的平均资源密度相对较低，尤其是湾外水域，平均资源密度最低。湾内水域西部调查站位的蟹类平均资源密度高于东部调查站位，湾口北部和湾外北部各有 1 个站位平均资源密度较高；而湾外南部和湾口南部水域的平均资源密度都相对较低，湾外和湾内的蟹类平均资源密度分别为 3.42 kg/h 和 2.38 kg/h。总体上，夏季胶州湾湾内的蟹类资源密度高于湾外。

秋季胶州湾及其邻近海域蟹类资源密度明显低于春、夏两季，湾内蟹类资源的平均资源密度较高，为 0.68 kg/h；湾口和湾外的蟹类平均资源密度相对较低，分别为 0.24 kg/h 和 0.54 kg/h。在靠近湾口的水域蟹类资源密度较大，尤其是湾内东部水域、湾口水域和湾外西部水域，资源密度较高。湾内中部、西部水域蟹类资源密度最低，湾外东部水域次之。

冬季胶州湾及其邻近海域蟹类平均资源密度为全年最低，湾内、湾口、湾外资源密度都显著减少。蟹类资源湾外水域的平均资源密度最高，为 0.09 kg/h；湾内和湾口的蟹类平均资源密度分别为 0.02 kg/h 和 0.01 kg/h。湾外北部沿岸和东部水域资源密度较大，湾内南部沿岸资源密度大于湾内其他水域资源密度，而湾口蟹类资源密度都相对较低。

（四）头足类资源密度空间变化

胶州湾及其邻近海域各季节头足类的资源密度空间分布如图 6 - 11 所示。

春季胶州湾及其邻近海域头足类的资源密度在湾口和湾内区域较高，湾外的头足类资源密度最低，头足类在湾内、湾口和湾外的平均资源密度分别为 1.45 kg/h、1.77 kg/h 和 0.37 kg/h。其中，湾内除南部靠近湾口的水域资源密度相对较低外，湾内其他站位资源密度都相对较高，湾口西部站位头足类的资源密度较大。

夏季胶州湾及其邻近海域头足类的平均资源密度较高，其中，湾内的资源密度最高，平均资源密度为 4.98 kg/h；其次为湾外，湾外头足类平均资源密度为 4.00 kg/h；湾口平均资源密度为 1.29 kg/h。湾内除了东北部水域头足类资源密度较低外，其他站位头足类资源密度都相对较高；湾口资源密度为夏季最低，湾外远离湾口的站位头足类资源密度相对较高。

秋季胶州湾及其邻近海域头足类的平均资源密度为全年最高，湾内、湾口、湾外的头足类资源分布相对均匀。其中，湾内的资源密度最高，平均资源密度为 4.50 kg/h；湾口为 3.76 kg/h；湾外为 3.21 kg/h。湾内北部水域资源密度较高，南部水域相对较低，湾口北部和东部水域相对较高，南部水域相对较低，湾外西部水域较高，远离湾口的东部水域头足类的资源密度较低。总体上秋季胶州湾湾内和湾口头足类的资源密度高于湾外。

冬季胶州湾及其邻近海域头足类的平均资源密度为全年最低，其中，湾外的资源密度最高，平均资源密度为 1.11 kg/h；湾口为 0.58 kg/h；湾外为 0.11 kg/h。湾内仅东部和南部水域部分站位分布有头足类，湾口东部也有少量分布，湾外北部沿岸头足类的资源密度相对较高。

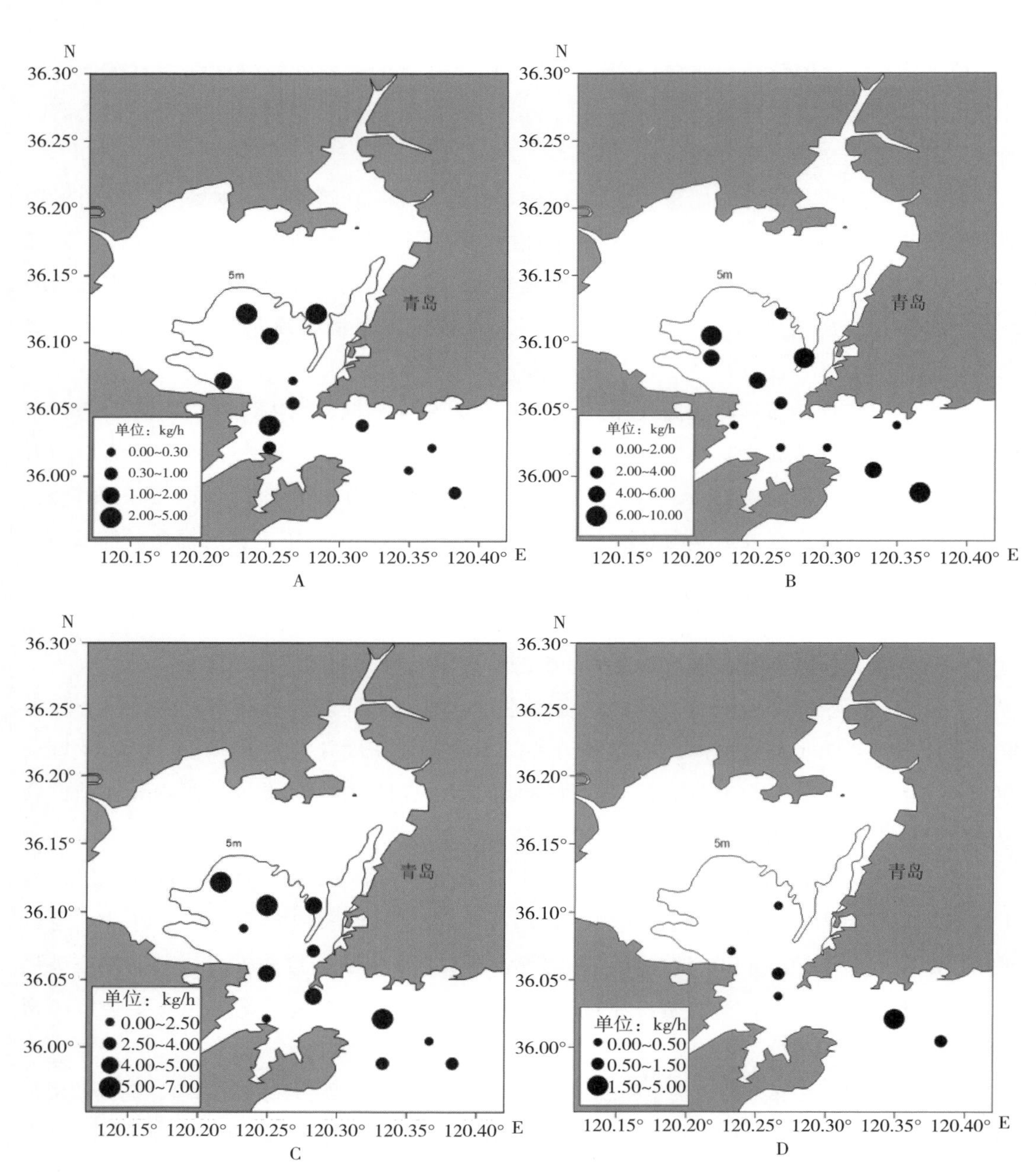

图 6-11 胶州湾及其邻近海域各季节头足类资源密度的空间分布

A. 春季 B. 夏季 C. 秋季 D. 冬季

三、渔业资源量评估

胶州湾渔业生物资源量的估算，可为胶州湾渔业资源可持续利用、经济物种的增殖放流以及渔业资源的养护与管理提供重要的科学依据。

根据渔业资源底拖网调查数据，胶州湾渔业生物资源量采用扫海面积法进行估算，其计算公式为：

$$\rho = C/(aq)$$

$$B = \rho \times A$$

式中　ρ——渔业资源密度；

C——每小时平均拖网渔获量；

a——调查网具每小时扫海面积；

q——渔业资源种类的可捕系数，其中，虾、蟹类为 0.6，底层鱼类为 0.8，大型中上层鱼类为 0.6，小型中上层鱼类为 0.3，头足类为 0.5；

B——总资源量；

A——调查海区总面积，水域面积按 343.5 km^2 计算。

（一）渔业资源总量

胶州湾全年平均渔业资源量约为 140.4 t。按季节分，渔业资源总量最高的为夏季，约为 269.1 t；其次为秋季，总资源量约为 127.9 t；春季的总资源量为 120.4 t；冬季总资源量最低，为 44.3 t。而 20 世纪 80 年代胶州湾湾内估计的平均资源量为 1 175.0 t，当年推测，在调查年份（1981 年）胶州湾内、外水域至少分布 2 400.0 t 鱼类。2011 年调查结果显示，目前胶州湾水域鱼类资源密度为 0.11 t/km^2。总体来说，胶州湾海域渔业资源衰退严重。

图 6－12 为胶州湾及邻近海域中渔业资源量类群组成的季节变化。春季渔业资源中占比例最高的是鱼类，占春季渔业资源总量的 50.0%；其次为虾类，占渔业资源总量的 23.0%；蟹类和头足类所占比重相差不大，分别为 14.0%和 13.0%。夏季渔业资源中占比例最高的是虾类，占夏季渔业资源总量的 56.0%；其次为鱼类和头足类，所占比例均为 15.0%；蟹类所占比重最低，为 14.0%。秋季渔业资源中所占比例最高的是鱼类和头足类，两者占渔业资源总量的比例均为 33.0%；其次为虾类，占渔业资源总量的 31.0%；蟹类所占比例最小，仅为资源总量的 3.0%。冬季渔业资源中所占比例最高的是鱼类，鱼类占渔业资源总量的 67.7%；其次为虾类，占资源总量的 18.0%；头足类占资源总量的 14.0%；蟹类资源量极少，占资源总量的 0.3%（图 6－12）。

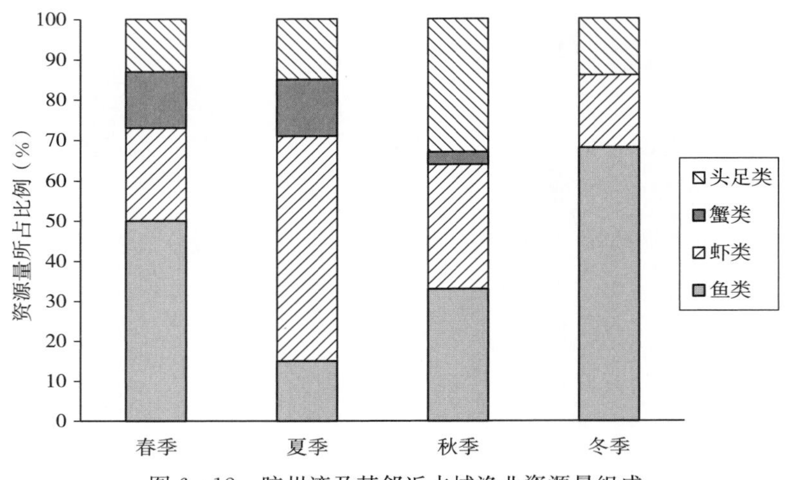

图 6－12 胶州湾及其邻近水域渔业资源量组成

（二）各类群资源量

胶州湾水域鱼类全年平均资源量为 43.1 t，虾类全年平均资源量为 56.4 t，蟹类全年平均资源量为 14.9 t，头足类全年平均资源量为 26.1 t。虾类全年平均资源量最高，其次为鱼类，蟹类的平均资源量最低。

不同渔业资源类群资源量随季节变化也表现出不同规律（图 6－13）。鱼类资源量春季最高为 59.8 t；其次是秋季，资源量为 42.6 t；夏季鱼类资源量为 39.9 t；冬季资源量最低为 30.0 t。虾类资源量夏季最高为 149.9 t；其次为秋季，资源量为 39.4 t；春季虾类资源量为 28.3 t；冬季资源量最低为 8.1 t。蟹类资源量夏季最高，为 39.3 t；其次为春季，资源量为 16.3 t；秋季资源量为 3.9 t；资源量最低的为冬季，仅为 0.2 t。头足类资源量秋季最高，为 42.0 t；其次为夏季，为 40.1 t；春季资源量为 16.0 t；冬季的资源量最低为 6.0 t（图 6－13）。

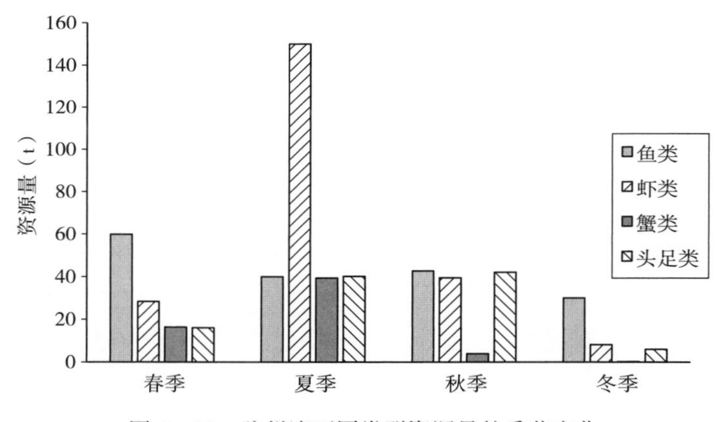

图 6－13 胶州湾不同类群资源量的季节变化

胶州湾渔业资源各类群都表现出夏、秋季资源量高于冬、春季的特点，且冬季的资源量远远低于全年最高水平。虾类和鱼类依旧是胶州湾渔业资源的主要组成部分，头足类在渔业资源中的比例超过蟹类，成为胶州湾渔业资源的重要组成部分（图 6 - 13）。

（三）优势种资源量

春季鱼类优势种有方氏云鳚（*Enedrias fangi*）、细纹狮子鱼（*Liparis tanakai*）、六丝钝尾虾虎鱼（*Chaeturichthys hexanema*）和大泷六线鱼（*Hexagrammos otakii*），其资源量分别约为 18.34 t、8.9 t、8.7 t、6.2 t。虾类优势种包括口虾蛄（*Oratosquilla oratoria*）和脊腹褐虾（*Crangon affinis*），资源量分别约为 14.9 t 和 6.3 t。蟹类优势种为双斑蟳（*Charybdis bimaculata*），其资源量约为 15.5 t。头足类优势种为长蛸，其资源量约为 12.6 t。

夏季鱼类优势种有赤鼻棱鳀（*Thryssa kammalensis*）、皮氏叫姑鱼（*Johnius belangerii*）和长吻红舌鳎（*Cynoglossus lighti*），其资源量分别约为 9.9 t、4.7 t、4.1 t。虾类优势种有鹰爪虾、口虾蛄，资源量分别约为 78.1 t 和 65.6 t。蟹类优势种为双斑蟳和日本蟳（*Charybdis japonica*），其资源量约为 16.8 t 和 15.0 t。头足类优势种为枪乌贼，其资源量约为 36.9 t。

秋季鱼类优势种有许氏平鲉（*Sebastes schlegelii*）、铠平鲉（*Sebastes hubbsi*）和六丝钝尾虾虎鱼，其资源量分别约为 8.8 t，4.9 t，4.4 t。虾类优势种有口虾蛄和鹰爪虾，资源量分别约为 12.3 t 和 12.0 t。头足类优势种为枪乌贼，其资源量约为 21.9 t。

冬季鱼类优势种有鲮、方氏云鳚、李氏鲔和许氏平鲉，其资源量分别约为 6.7 t，4.4 t，2.9 t，2.4 t。虾类优势种为脊尾白虾，资源量约为 2.0 t。头足类优势种为短蛸，其资源量约为 5.1 t。

与 20 世纪 80 年代的调查相比，绿鳍马面鲀（*Thamnaconus septentrionalis*）、斑鰶、许氏平鲉、长绵鳚（*Zoarces elongatus*）等种类在 2011 年调查中已不是优势种。在调查海域面积相近的情况下，鲮等优势种的资源量也从 20 世纪 80 年代的 1 738.0 t 下降为 6.7 t，赤鼻棱鳀的资源量从 121.0 t 变为 9.9 t，皮氏叫姑鱼的资源量从 35.0 t 下降至 4.7 t，各种类资源衰退严重（刘瑞玉，1992）。

第二节　主要鱼类渔业生物学特征

根据 2011 年在胶州湾及邻近海域进行的渔业资源底拖网季度调查数据，并结合 2008—2009 年调查资料，本节中重点总结了方氏云鳚、六丝钝尾虾虎鱼、赤鼻棱鳀、皮氏叫姑鱼、斑鰶和白姑鱼（*Argyrosomus argentatus*）等胶州湾及邻近海域主要优势鱼类种群的体长组成、体重组成，性腺成熟度组成，摄食强度、饵料组成等渔业生物学特征及其变化。

一、体长、体重组成

（一）方氏云鳚

根据2011年渔业资源底拖网季度调查数据，方氏云鳚共668尾，体长范围为11.7～172.0 mm，平均体长为（109.0±25.6）mm，优势体长组为120.0～150.0 mm，占总渔获尾数的41.63%（图6-14）；体重范围为3.57～19.30 g，平均体重为(7.18±1.81）g，优势体重组为4.00～8.00 g，占总渔获尾数的77.64%（图6-15）。

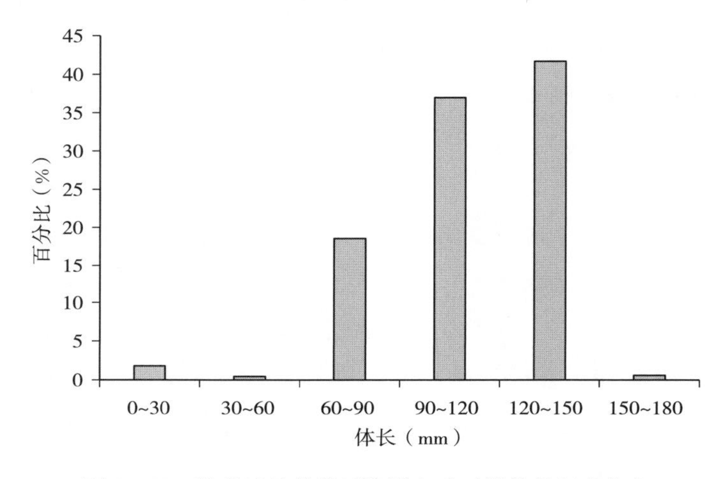

图6-14　胶州湾及其邻近海域方氏云鳚体长组成分布

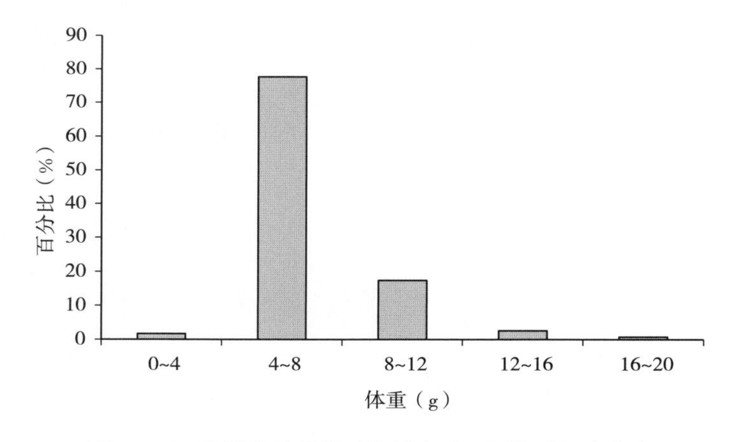

图6-15　胶州湾及其邻近海域方氏云鳚体重组成分布

根据2008年9月至2009年8月胶州湾渔业资源逐月调查数据，方氏云鳚体长分布范围为 102.5～139.0 mm，平均体长为（136.6±14.5）mm，平均体长在 2008 年 12 月最小，2009 年 4 月最大。体重分布范围为 3.95～13.35 g，平均体重为（11.15±4.65）g，平均体重在 2008 年 12 月最小，2009 年 4 月最大。

青岛近海沙子口海域 2008 年 3—12 月调查表明，方氏云鳚群体的体长组成、体重组成均呈现明显的单峰结构，体长分布峰值出现在 120.0～130.0 mm 范围内；体重分布峰值出现在 6.00～10.00 g 范围内（黄晓璇，2010）。

2011 年胶州湾及邻近海域方氏云鳚的平均体长随季节有明显变化；其中，冬季方氏云鳚的平均体长最大，为（117.7±1.8）mm；春季和夏季其次，分别为（105.5±1.5）mm和（105.2±7.6）mm；秋季方氏云鳚的平均体长最小，为（91.7±1.5）mm（图 6－16）。

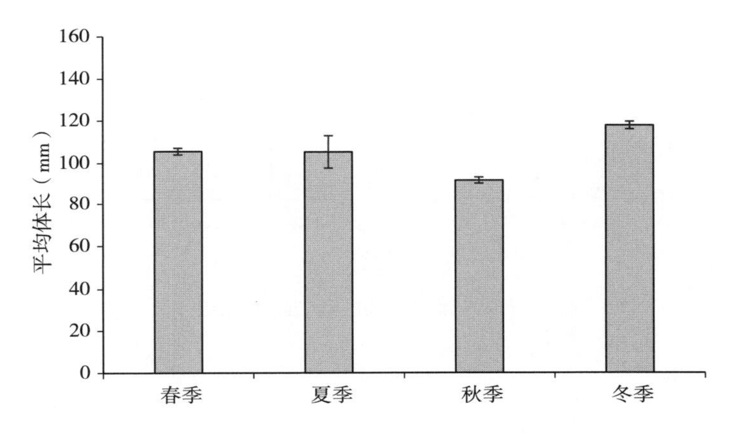

图 6－16　胶州湾及其邻近海域方氏云鳚平均体长的季节变化

2011 年胶州湾及邻近海域方氏云鳚的平均体重随季节有小幅度的变化；其中，秋季方氏云鳚平均体重最大，为（7.96±0.11）g；其次为夏季和冬季，分别为（7.24±0.41）g 和（7.00±0.15）g；方氏云鳚平均体重春季最小，为（6.46±0.23）g（图 6－17）。

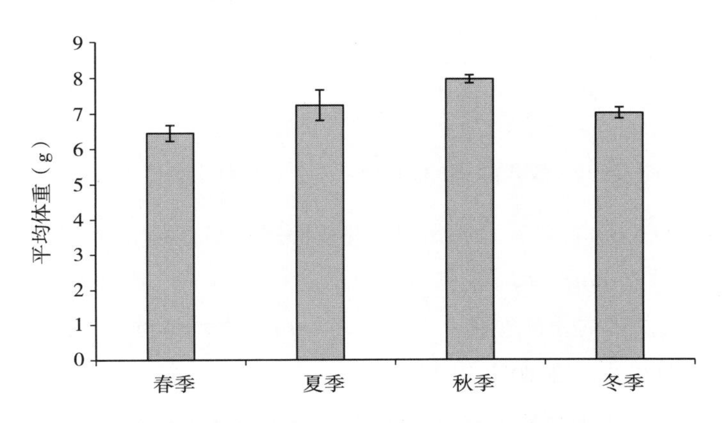

图 6－17　胶州湾及其邻近海域方氏云鳚平均体重的季节变化

（二）六丝钝尾虾虎鱼

根据2011年渔业资源底拖网季度调查数据，六丝钝尾虾虎鱼共910尾，体长分布范围为12.1～216.0 mm，平均体长为（54.4±21.4）mm，优势体长组为44.0～78.0 mm，占总渔获尾数的53.44%（图6-18）；体重分布范围为1.27～20.20 g，平均体重为（4.21±4.66）g，优势体重组为0.00～4.00 g，优势体重组渔获尾数占总渔获尾数的51.62%（图6-19）。

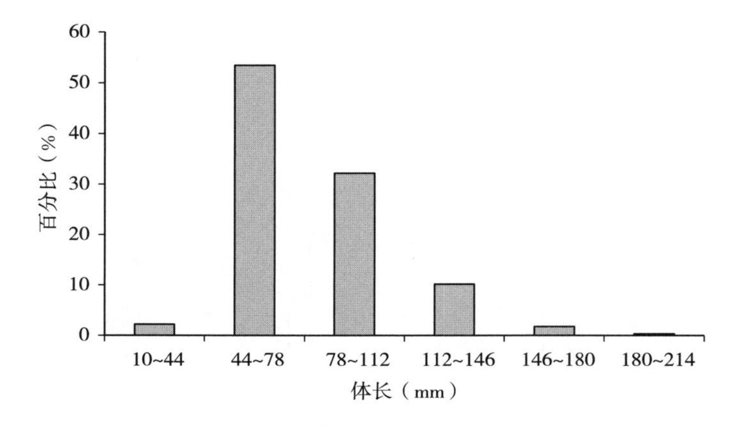

图6-18　胶州湾及其邻近海域六丝钝尾虾虎鱼体长组成分布

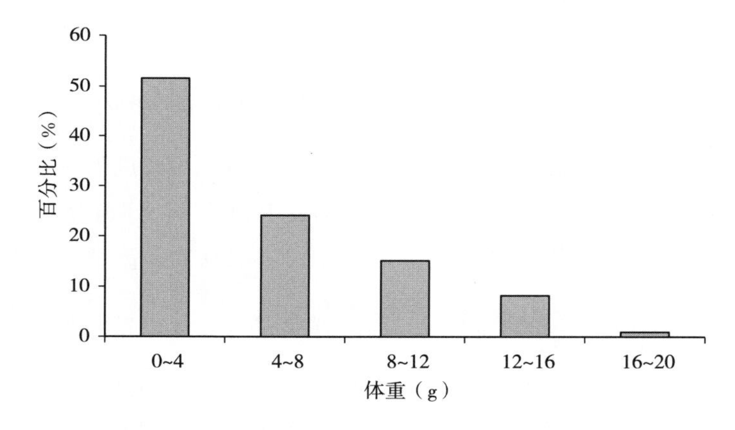

图6-19　胶州湾及其邻近海域六丝钝尾虾虎鱼体重分布

根据2008年9月至2009年8月胶州湾渔业资源逐月调查数据，六丝钝尾虾虎鱼的体长分布范围为67.8～90.6 mm，平均体长为（82.6±39.8）mm；平均体长在2009年2月最小，2009年4月最大。体重分布范围为6.84～18.90 g，平均体重为（11.67±29.11）g；平均体重在2009年2月最小，在2008年11月最大。

2011年胶州湾及邻近海域六丝钝尾虾虎鱼的平均体长随季节有明显变化；其中，夏季和秋季六丝钝尾虾虎鱼的平均体长最大，分别为（87.8±3.4）mm和（87.8±

1.1）mm；春季其次，为（80.0±2.5）mm；冬季平均体长最小，为（75.2±2.0）mm（图 6-20）。

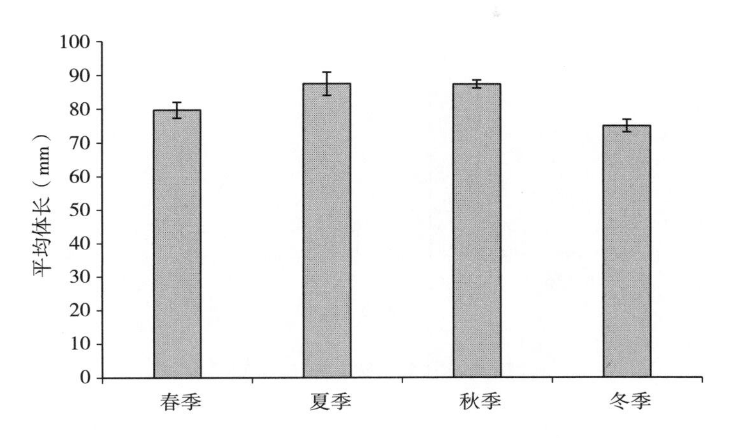

图 6-20　胶州湾及其邻近海域六丝钝尾虾虎鱼平均体长的季节变化

2011 年胶州湾及邻近海域六丝钝尾虾虎鱼的平均体重随季节有明显变化；其中，秋季六丝钝尾虾虎鱼的平均体重最大，为（7.24±1.22）g；其次是夏季，为（6.14±5.59）g；冬季平均体重为（5.27±4.67）g；春季平均体重最小，为（4.75±0.32）g（图 6-21）。

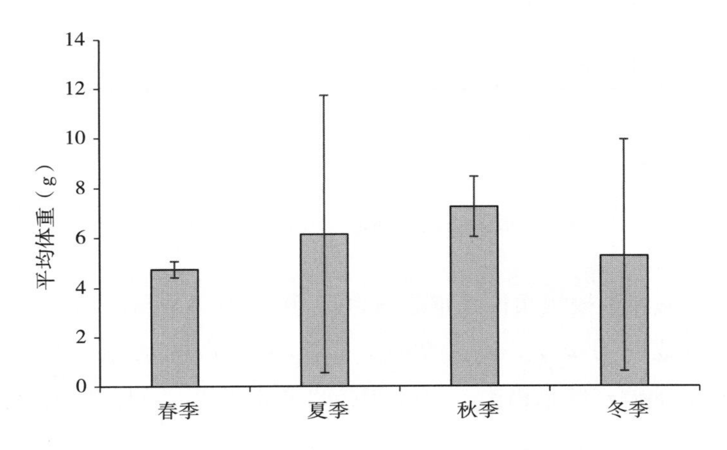

图 6-21　胶州湾及其邻近海域六丝钝尾虾虎鱼平均体重的季节变化

（三）赤鼻棱鳀

根据 2011 年渔业资源底拖网季度调查数据，赤鼻棱鳀共 299 尾，叉长分布范围为 11.0～138.0 mm，平均叉长为（60.0±12.5）mm，优势叉长组为 36.0～62.0 mm，占总渔获尾数的 86.3%（图 6-22）；体重分布范围为 0.46～13.51 g，平均体重为（1.87±1.33）g，优势体重组为 0.00～3.00 g，占总渔获尾数的 90.24%（图 6-23）。

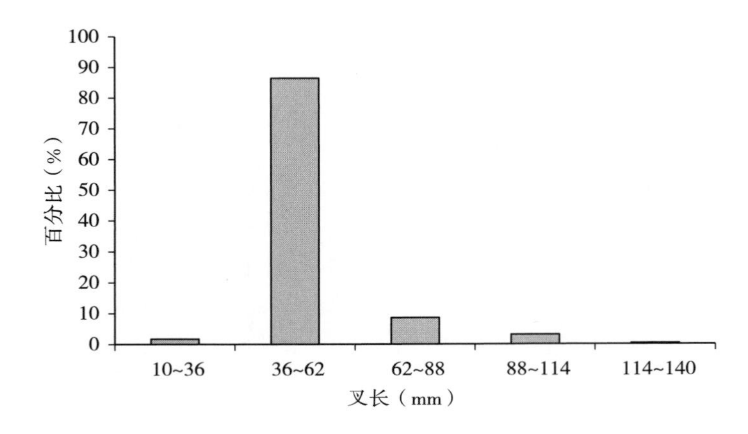

图 6－22 胶州湾及其邻近海域赤鼻棱鳀叉长组成分布

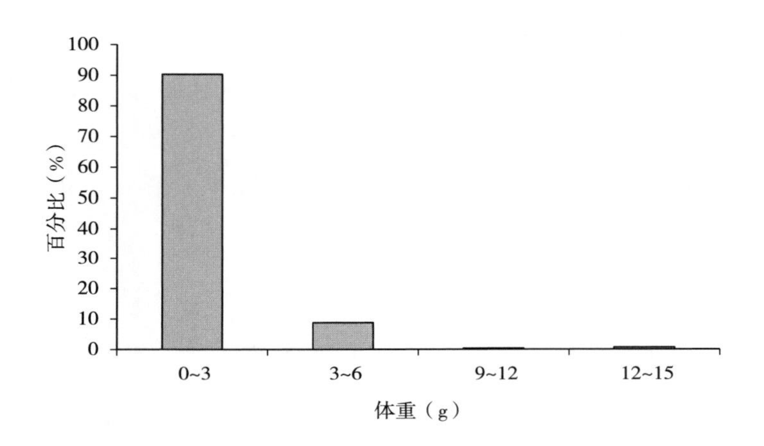

图 6－23 胶州湾及其邻近海域赤鼻棱鳀体重分布

2000 年青岛近海赤鼻棱鳀叉长分布范围为 51.0～121.0 mm，以 90.0～100.0 mm 组占优势；体重分布范围为 2.00～161.00 g，以 4.00～6.00 g 组占优势（任一平 等，2002）。与青岛近海的调查结果相比，2011 年胶州湾捕获的赤鼻棱鳀的优势叉长组、优势体重组均较小。

2011 年胶州湾及邻近海域赤鼻棱鳀的平均叉长随季节有小幅度的变化；其中，夏季和春季赤鼻棱鳀的平均叉长较大，依次为（60.6±0.6）mm 和（58.9±7.8）mm；秋季其次，为（53.2±2.3）mm；冬季平均叉长最小，为（48.3±4.8）mm（图 6－24）。

2011 年胶州湾及邻近海域赤鼻棱鳀的平均体重随季节有明显变化；其中，夏季和秋季赤鼻棱鳀的平均体重较大，分别为（1.99±0.09）g 和（1.94±0.15）g；其次是春季，平均体重为（1.87±0.62）g；冬季平均体重最小，为（1.23±0.47）g（图6－25）。

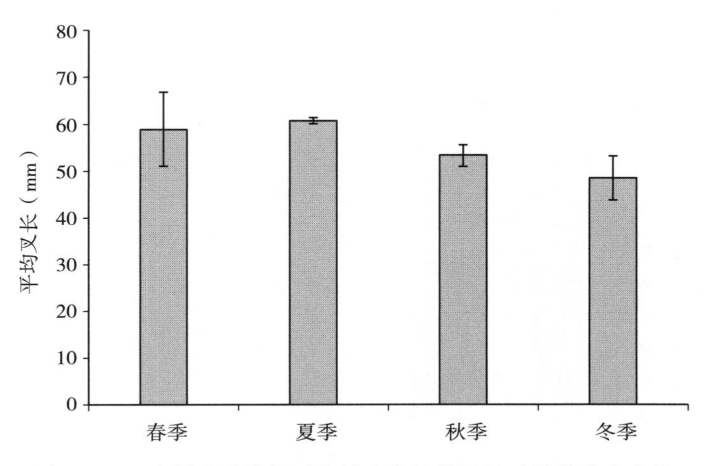

图 6－24　胶州湾及其邻近海域赤鼻棱鳀平均叉长的季节变化

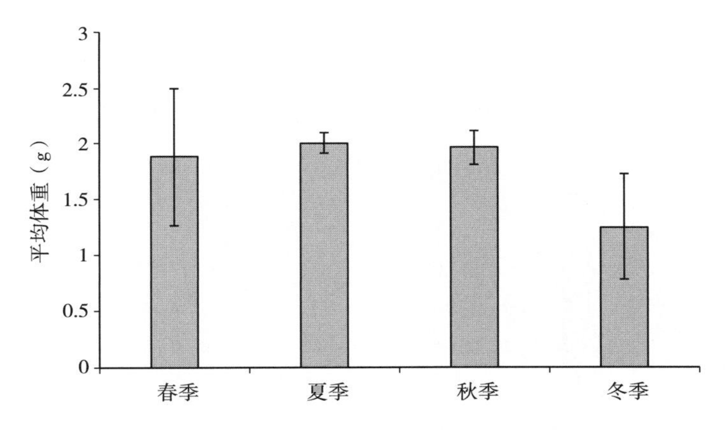

图 6－25　胶州湾及其邻近海域赤鼻棱鳀平均体重的季节变化

（四）皮氏叫姑鱼

根据 2011 年渔业资源底拖网季度调查数据，皮氏叫姑鱼 324 尾，体长分布范围为 12.5～251.0 mm，平均体长为（76.9±42.0）mm，优势体长组有两个，分别为 10.0～60.0 mm 与 60.0～110.0 mm，分别占总尾数的 37.80％和 38.11％（图 6－26）；体重范围为 1.28～100.10 g，平均体重为（13.96±20.52）g，优势体重组为 0.00～20.00 g，占总渔获尾数的 82.25％（图 6－27）。

根据 2008 年 9 月至 2009 年 8 月胶州湾渔业资源逐月调查数据，仅在 2008 年 10 月、11 月和 2009 年 4 月捕获到 13 尾皮氏叫姑鱼。体长分布范围为 87.0～205.0 mm，体重分布范围为 5.00～73.60 g。

2011 年胶州湾及邻近海域皮氏叫姑鱼平均体长随季节有小幅度的变化；其中，春季皮氏叫姑鱼平均体长最大，为（127.4±7.2）mm；冬季、秋季次之，分别为（107.3±

6.9）mm 和（92.6±4.3）mm；夏季平均体长最小，为（67.1±2.7）mm（图 6－28）。

2011 年胶州湾及邻近海域皮氏叫姑鱼平均体重随季节有明显变化；其中，春季皮氏叫姑鱼平均体重最大，为（33.44±6.67）g；秋季和冬季次之，平均体重分别为（19.63±3.38）g 和（17.77±2.51）g；夏季平均体重最小，为（10.69±1.53）g（图 6－29）。

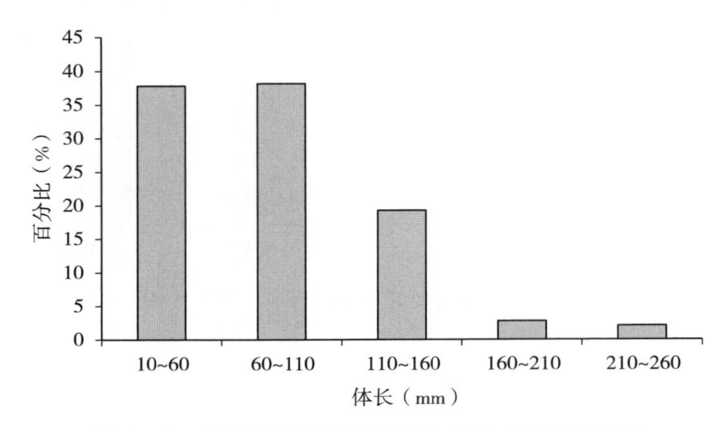

图 6－26　胶州湾及其邻近海域皮氏叫姑鱼体长分布

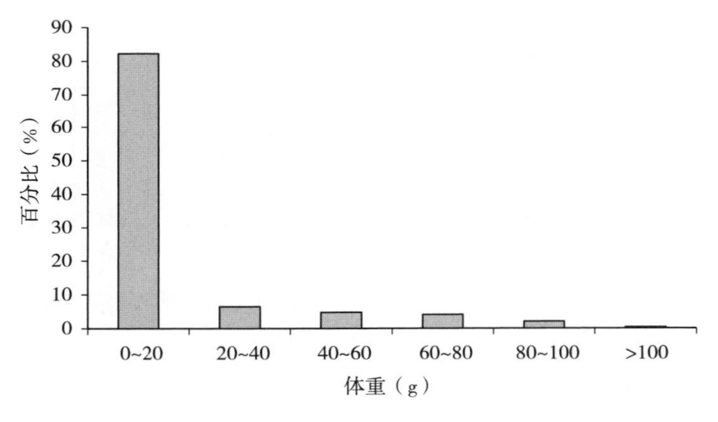

图 6－27　胶州湾及其邻近海域皮氏叫姑鱼体重分布

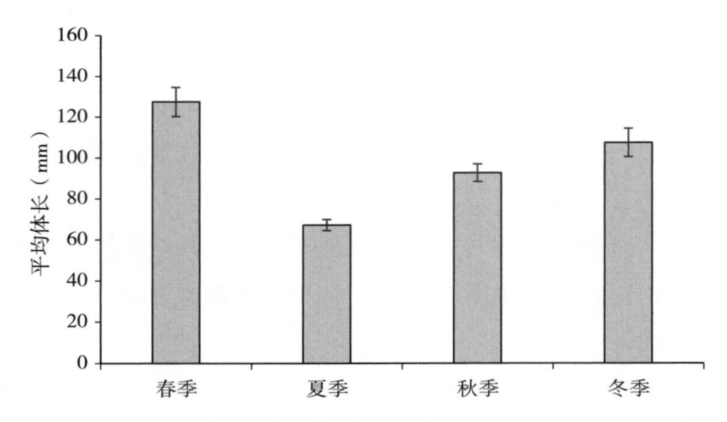

图 6－28　胶州湾及其邻近海域皮氏叫姑鱼平均体长的季节变化

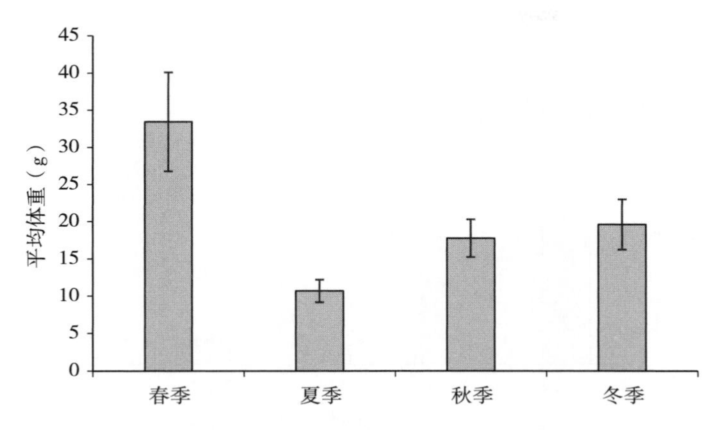

图 6－29　胶州湾及其邻近海域皮氏叫姑鱼平均体重的季节变化

（五）斑鲦

根据 2011 年渔业资源底拖网季度调查数据，斑鲦 181 尾，叉长分布范围为 14.3～250.0 mm，平均叉长为（115.0±31.1）mm，优势叉长组为 90.0～130.0 mm，占总渔获尾数的 68.54%（图 6－30）；体重分布范围为 4.07～87.58 g，平均体重为（21.52±16.90）g，优势体重组为 0.00～18.00 g，占总渔获尾数的 58.89%（图 6－31）。

根据 2008 年 9 月至 2009 年 8 月胶州湾渔业资源逐月调查数据，仅在 2008 年 9—11 月捕获到 14 尾斑鲦。叉长分布范围为 117.0～175.0 mm，体重分布范围为19.60～91.50 g。

2011 年胶州湾及邻近海域斑鲦秋季平均叉长最大，为（155.1±8.7）mm；冬季、春季次之，分别为（124.8±13.5）mm 和（140.2±6.4）mm；夏季平均叉长最小，为（102.9±1.1）mm（图 6－32）。

2011 年胶州湾及邻近海域斑鲦秋季平均体重最大，为（50.02±7.29）g；其次是春季、冬季，平均体重分别为（27.73±3.64）g 和（22.66±4.13）g；夏季平均体重最小，为（16.51±0.57）g（图 6－33）。

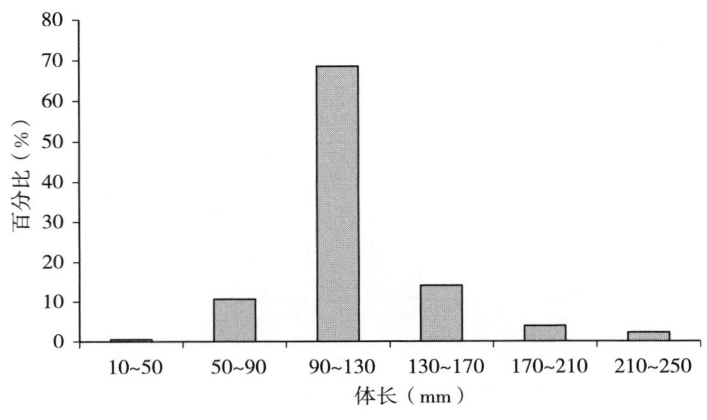

图 6－30　胶州湾及其邻近海域斑鲦叉长分布

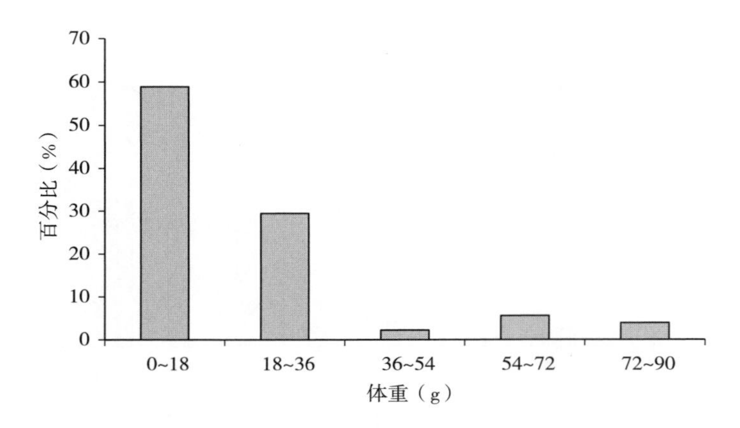

图 6-31　胶州湾及其邻近海域斑鰶体重分布

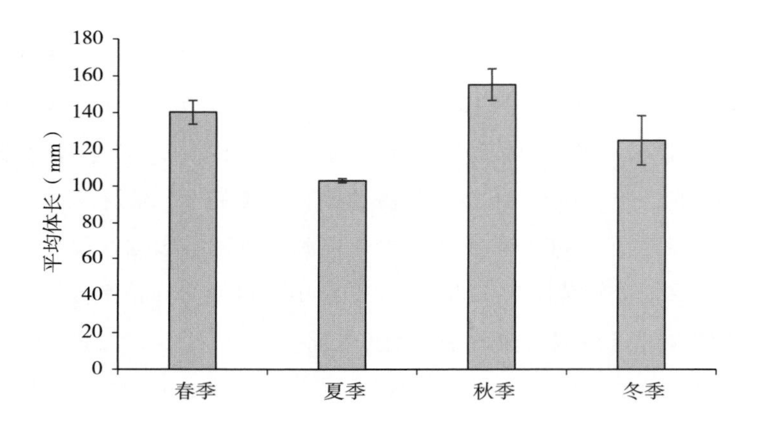

图 6-32　胶州湾及其邻近海域斑鰶平均叉长的季节变化

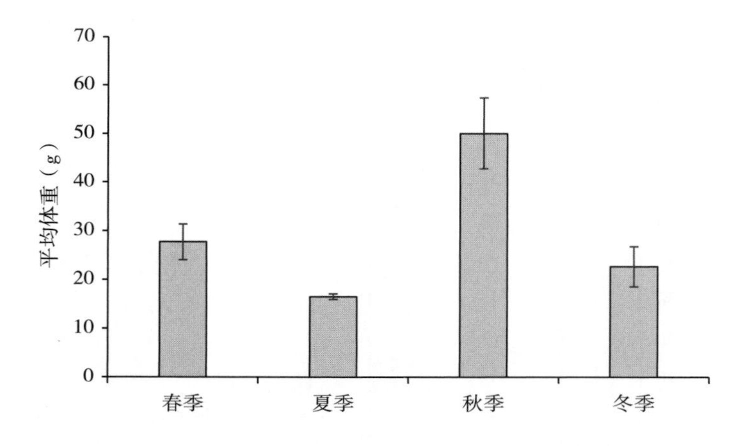

图 6-33　胶州湾及其邻近海域斑鰶平均体重的季节变化

（六）白姑鱼

根据2011年胶州湾及邻近海域渔业资源季度调查数据，白姑鱼共189尾，体长分布范围为16.0～190.0 mm，平均体长为（46.8±26.9）mm；体重分布范围为0.12～74.46 g，平均体重为（4.20±10.53）g。春季的平均体长、平均体重均最大，分别为72.3 mm和13.13 g；夏季的平均体长、体重均最小，分别为40.1 mm和2.47 g。

根据2008年9月至2009年8月胶州湾渔业资源逐月调查数据，白姑鱼体长分布范围为26.0～130.0 mm，平均体长为（85.6±39.8）mm，平均体长在2008年9月最小，2009年4月最大。体重分布范围为0.34～49.8 g，平均体重为（11.67±27.11）g，平均体重在2009年4月最小，在2008年12月最大。

二、性腺成熟度组成

查明鱼类繁殖生物学和性成熟特点，可为研究鱼类数量变动和渔业资源评估提供重要参数。判断鱼类性腺成熟度是最常规项目之一，常用方法是目测等级法，此外还有组织学方法等（陈大刚，1997）。用目测法划分性成熟度等级时，主要是根据性腺外形、色泽、血管分布、卵与精液情况等特征进行判断。

（一）方氏云鳚

方氏云鳚性腺1年内成熟1次，其生殖周期是1年。2011年全年共分析方氏云鳚性腺474个，其中，性腺成熟度Ⅰ期个体有134个，占28.27%；Ⅱ期个体213个，占44.94%；Ⅲ期个体68个，占14.35%；Ⅳ期个体36个，占7.59%；Ⅴ期个体23个，占4.85%。方氏云鳚雌雄比例为1∶1.08。春季，性腺成熟度Ⅰ期个体数量多，占71.82%；秋季，Ⅱ期个体所占比例为52.56%；冬季，Ⅰ期和Ⅱ期的个体分别占36.24%和57.72%。胶州湾及邻近海域方氏云鳚主要由Ⅰ期和Ⅱ期的个体构成，Ⅲ期以上的个体较少。

根据2008年9月至2009年8月胶州湾逐月调查数据，方氏云鳚性腺成熟度Ⅰ期个体占主要比例，占77.22%。

2008年在青岛近海沙子口海域调查的方氏云鳚雌雄比为1.16∶1。在3～6月雌鱼卵巢发育期组成简单，均处于Ⅱ期，9月Ⅲ期占绝对优势，并有少量Ⅳ期（黄晓璇，2010）。

姜志强等（1997）对大连海域方氏云鳚繁殖生物研究表明，产卵群体由Ⅱ～Ⅳ龄组成，以Ⅲ龄为主，占59.50%；其次为Ⅳ龄，占23.0%；Ⅱ龄最少为17.50%。

（二）六丝钝尾虾虎鱼

2011年全年共分析六丝钝尾虾虎鱼性腺427个，其中，有Ⅰ期个体118个，占

27.63%；Ⅱ期个体210个，占49.18%；Ⅲ期个体57个；Ⅳ期个体23个；Ⅴ期个体19个。雌雄比例为1∶1.50。春季个体Ⅰ～Ⅴ期的个体数量相差不大，秋、冬季以Ⅱ期个体为主，Ⅲ期以上的个体很少。2008年9月至2009年8月胶州湾逐月调查中，六丝钝尾虾虎鱼Ⅰ、Ⅱ期个体占主要比例，分别为57.02%和29.56%。

（三）皮氏叫姑鱼

2011年全年共分析皮氏叫姑鱼性腺102个，其中，有28个Ⅰ期个体，51个Ⅱ期个体，11个Ⅲ期个体，11个Ⅳ期个体，1个Ⅴ期个体，雌雄比例为1∶1.43。

通过2011年性腺成熟度分析可以得出，方氏云鳚、六丝钝尾虾虎鱼、皮氏叫姑鱼的性腺成熟度组成均以Ⅱ期个体最多。方氏云鳚、六丝钝尾虾虎鱼、皮氏叫姑鱼的雌雄比均小于1。

三、摄食等级组成

摄食强度是鱼类摄食研究中的一项重要内容，它能够反映出鱼类摄食节律的变化情况。一般采用摄食等级和胃肠饱满系数表示。鱼类摄食等级是指鱼类胃内或肠道内食物的饱满程度。分为5个等级：0级，空胃；1级，胃内食物不足胃腔的1/2；2级，胃内食物占胃腔的1/2；3级，胃内充满食物，但胃壁不膨胀；4级，胃内充满食物，胃壁膨胀变薄（陈大刚，1997）。本节中主要分析了胶州湾海域的方氏云鳚、六丝钝尾虾虎鱼、赤鼻棱鳀、皮氏叫姑鱼和斑鰶等种类的摄食等级组成。2011年胶州湾及邻近水域底拖网调查的5种鱼类的摄食强度均较低，大部分个体的摄食等级为1级和2级。

（一）方氏云鳚

2011年胶州湾及邻近水域方氏云鳚的摄食强度较低，空胃率为9.44%；摄食等级1级的个体所占比例最高，为55.10%；摄食等级2级的个体所占比例为20.34%；摄食等级3级以上的个体所占比例为15.12%。

方氏云鳚摄食等级组成具有一定的季节变化。春季，各摄食等级都占有一定比例，其中，摄食等级1级的个体最多，占49.11%；夏、秋季个体的摄食等级均在2级以下；冬季方氏云鳚摄食强度在1、2级的个体较多，个体所占比例为61.05%。

2008年9月至2009年8月胶州湾逐月调查中，方氏云鳚的摄食等级主要为1级和2级。2008年青岛近海沙子口海域调查，方氏云鳚摄食等级为0级即空胃所占比例最高，其次为2级，再次为1级，摄食等级3级以上的个体仅占7.52%。方氏云鳚的摄食强度存在着季节变化，春季方氏云鳚2级所占比例最高，达50.17%；夏季2、3级所占比例较高，分别为43.17%、30.68%；秋季空胃占绝大多数，空胃率为86.49%；冬季1级所占比例最高，占

61.40%（黄晓璇，2010）。方氏云鳚高强度摄食主要在春季，夏季次之，冬季摄食较少。毕远溥（2005）研究表明，辽宁近海 2003 年冬季方氏云鳚基本为空胃，腹腔均被鱼卵所占据。

（二）六丝钝尾虾虎鱼

2011 年胶州湾及邻近水域六丝钝尾虾虎鱼的摄食强度较低，空胃率为 16.64%；摄食等级 1 级的个体所占比例最高，为 45.30%；摄食等级 2 级的个体所占比例为 26.50%；摄食等级 3 级以上的个体所占比例为 11.56%。

六丝钝尾虾虎鱼摄食等级组成具有一定的季节变化。春季，各摄食等级都有一定的个体，摄食等级为 1 级的个体最多，占 49.55%；夏季捕获六丝钝尾虾虎鱼较少，只有 1 级、2 级个体；秋季摄食等级在 1 级、2 级的个体占大多数，所占比例为 77.32%；冬季方氏云鳚 2 级以下的个体占 89.25%。

2008 年 9 月至 2009 年 8 月胶州湾逐月调查中，六丝钝尾虾虎鱼的摄食等级 3 级以上的个体较少；1 级个体最多，占 52.90%。

（三）赤鼻棱鳀

2011 年胶州湾及邻近水域赤鼻棱鳀的空胃率为 18.02%；摄食等级为 1、2 级的个体数较多，占 66.67%；摄食等级为 3 级以上的个体所占比例为 15.31%。

赤鼻棱鳀摄食等级组成具有一定的季节变化。春、秋、冬季捕获的赤鼻棱鳀较少，摄食等级在 3 级以下；夏季摄食等级为 1 级、2 级的个体数相当，所占比例分别为 32.47%和 35.01%，3 级以上个体所占比例较低。

（四）皮氏叫姑鱼

2011 年胶州湾及邻近水域皮氏叫姑鱼的空胃率为 3.88%；摄食等级 1 级、2 级的个体数较多，所占比例分别为 35.28%和 34.50%；空胃和摄食等级为 3 级以上的个体所占比例较少。

皮氏叫姑鱼摄食等级组成具有一定的季节变化。各季节中皮氏叫姑鱼均表现为空胃较少，摄食等级集中在 1 级和 2 级，3 级以上的个体少。

（五）斑鰶

2011 年胶州湾及邻近水域斑鰶的空胃率为 3.36%；摄食等级 1 级的个体所占比例为 28.19%；摄食等级 2 级的个体所占比例最高，为 44.30%；摄食等级为 3 级以上的个体所占比例为 24.15%。

斑鰶摄食等级组成具有一定的季节变化。春、秋、冬季斑鰶的摄食强度 1 级的个体占大多数；夏季 2 级个体所占比例为 51.43%，3 级以上的个体少。

四、饵料组成与食性

（一）鱼类食性类型

研究鱼类食性，掌握鱼类摄食特点，以及鱼类摄食与环境条件的相互关系，揭示鱼类生物学规律，在渔业生产上具有重要的实践意义。在渔业生产上，常在鱼类索饵和索饵洄游阶段，根据其饵料生物的分布搜索鱼群，作为判断渔场位置的依据之一（苏锦祥，1995）。鱼类对饵料生物的摄食，既取决于鱼类本身的形态特征和生理特性，也取决于饵料生物的生活习性以及环境中饵料生物丰度和可获得性的变化（陈大刚，1997）。因此，鱼类食性会随着鱼类体长、昼夜、季节、年份和栖息海域的变化而变化。

1. 胶州湾鱼类主要食性类型

胶州湾水域鱼类的食性和食物关系存在着明显的多样性和复杂性，包括以有机碎屑、浮游动物、底栖生物或游泳动物等为饵料的多种食性类型，分属水域各营养级，构成了综合利用胶州湾水域饵料基础的食性体系，加之湾内水域饵料生物资源丰富，使鱼类生产力具有较高的水平。根据刘瑞玉（1992）研究，20 世纪 80 年代初胶州湾鱼类主要食性类型如下：

（1）斑鰶、鲻（*Mugil cephalus*）、鮻等种类主要摄食有机碎屑和底栖硅藻，属营养级最低的鱼类，胃含物中除碎屑外有硅藻 28 种，甲藻 6 种。该食性类型的鱼类最多。

（2）青鳞小沙丁鱼（*Sardinella zunasi*）、鳓（*Ilisha elongata*）、银鲳（*Pampus argenteus*）、鳀（*Engraulis japonicas*）、黄鲫（*Setipinna taty*）、赤鼻棱鳀以及其他多种鱼类的幼体，以桡足类、端足类等浮游动物及甲壳类和软体动物等浮游幼体为食。该食性类型的鱼类以利用二级生产者为主，属于水域生态系统食物链的中间位置。

（3）角木叶鲽（*Pleuronichthys cornutus*）、钝吻黄盖鲽（*Pseudopleuronectes yokohamae*）、半滑舌鳎（*Cynoglossus semilaevis*）、皱唇鲨（*Triakis scyllium*）、孔鳐（*Raja porosa*）、长绵鳚、矛尾复虾虎鱼（*Chaeturichthys stigmatias*）和黄姑鱼（*Nibea albiflora*）等约 30 种鱼类，则以甲壳类和多毛类等底栖生物为主要摄食对象。该食性类型鱼类所处的营养级较高，胶州湾丰富的底栖生物为其提供了良好的饵料保障，该类型鱼类生物量约占水域鱼类生物量的 1/4。

（4）海鳗（*Muraenesox cinereus*）、星康吉鳗（*Conger myriaster*）、鲬（*Platycephalus indicus*）、花鲈（*Lateolabrax japonicus*）、带鱼（*Trichiurus lepturus*）、褐牙鲆（*Paralichthys olivaceus*）、油魣（*Sphyraena pinguis*）、长蛇鲻（*Saurida elongata*）、白斑星鲨（*Mustelus manazo*）、白姑鱼和细纹狮子鱼等所处营养级最高，这些肉食性鱼类以鱼类和头足类为主要饵料。该食性类型的鱼类约占胶州湾水域鱼类生物量的 15%～20%。

2. 胶州湾及邻近水域四季负责食性

根据2011年胶州湾渔业资源调查主要鱼类的胃含物分析，2011年胶州湾及邻近水域主要鱼类食性如下（韩东燕，2013）：

（1）春季胶州湾底层鱼类可分为3种食性类型，即浮游动物食性、底栖生物食性和杂食性。浮游动物食性种类为许氏平鲉；底栖生物食性种类为普氏栉虾虎鱼（*Ctenogobius pflaumi*）；底栖软体类食性种类为缕鳚（*Azuma emmnion*）；杂食性种类包括方氏云鳚、星康吉鳗、鲬和大泷六线鱼等。

（2）夏季胶州湾底层鱼类分为3种食性类型，分别为蟹类食性、底层虾类食性和杂食性。蟹类食性种类为铠平鲉；底层虾类食性种类包括白姑鱼、小黄鱼（*Larimichthys polyactis*）和小眼绿鳍鱼（*Chelidonichthys kumu*）等；杂食性鱼类包括李氏䲗（*Callionymus richardsoni*）、短吻红舌鳎（*Cynoglossus joyneri*）、长吻红舌鳎、普氏栉虾虎鱼、六丝钝尾虾虎鱼、矛尾虾虎鱼（*Chaeturichthys stigmatias*）和星康吉鳗。

（3）秋季胶州湾底层鱼类分为5种食性，分别为植食性、底栖生物食性、蟹类食性、底层虾类虾食性和杂食性种类。植食性种类为玉筋鱼；底栖生物食性种类为红狼牙虾虎鱼（*Odontamblyopus rubicundus*）；蟹类食性种类为纹缟虾虎鱼（*Tridentiger trigonocephalus*）；底层虾类食性种类包括小黄鱼、大泷六线鱼、星康吉鳗、鲬、许氏平鲉等共计13种鱼类；杂食性种类主要包括短鳍䲗（*Callionymus sagitta*）、李氏䲗（*Callionymus richardsoni*）、长吻红舌鳎、皮氏叫姑鱼等10种鱼类。

（4）冬季胶州湾底层鱼类分为5种食性类型，分别为浮游动物食性、底栖生物食性、鱼食性、底层虾类虾食性和杂食性。浮游动物食性种类为玉筋鱼（*Ammodytes personatus*）；底栖生物食性种类包括方氏云鳚、六丝钝尾虾虎鱼等鱼类；鱼食性种类为钟馗虾虎鱼（*Triaenopogon barbatus*）；底层虾类食性种类包括小头栉孔虾虎鱼（*Ctenotrypauchen microcephalus*）、鲮、褐菖鲉（*Sebastiscus marmoratus*）、斑尾刺虾虎鱼（*Synechogobius ommaturus*）和大泷六线鱼。

（二）主要鱼种食性

1. 方氏云鳚

方氏云鳚是胶州湾及邻近海域主要鱼种之一。胶州湾方氏云鳚摄食的饵料生物有鲜明鼓虾（*Alpheus disinguendus*）、疣背宽额虾（*Latreutes planirostris*）、鹰爪虾（*Trachysalambria curvirostris*）、海蜇虾（*Latreutes anoplonyx*）、沙蚕（*Nereis succinea*）和大于900 μm的浮游动物，主要饵料生物种类为海蜇虾和大于900 μm浮游动物（李世岩，2014）。黄晓璇（2010）分析了青岛近海方氏云鳚的食物组成，可鉴定的饵料种类数共有7种，其中甲壳类6种，多毛类1种；方氏云鳚各季节均摄食，但各季节的食物组成存在差异，方氏云鳚在春季主要以磷虾类为食，夏、秋季主要以虾类为食，冬季主要以桡足类为食；各种饵料在不同的季节所占的比例也各不相同。

杨纪明（2001）研究发现，渤海方氏云鳚主要摄食长额刺糠虾（*Acanthomysis longerostris*）、小眼端足类等；邓景耀等（1991）研究渤海海域鱼类营养关系时发现，方氏云鳚主要以食浮游动物和底栖生物为主；唐启升等（1990）对山东近海方氏云鳚摄食习性的研究结果表明，方氏云鳚主要以沙蚕、中华哲水蚤（*Calanus sinicus*）、细长脚蛾、太平洋磷虾（*Euphausia pacifica*）等为主食，兼食细螯虾（*Leptochela gracilis*）、鼓虾和褐虾等。

综上所述，目前方氏云鳚的食物组成以虾类为主，不同海域、不同年代的方氏云鳚食性存在较大变化，该变化可能与海域环境中浮游动物种类和数量的变化有关，从而影响了方氏云鳚的食物组成。

2. 六丝钝尾虾虎鱼

六丝钝尾虾虎鱼是胶州湾海域优势种之一，其以小型甲壳动物为主要饵料生物；但不同饵料生物的重要性各不相同，主要以桡足类、涟虫和端足类为食，此外，还摄食少量的虾类、瓣鳃类、糠虾和多毛类，优势饵料生物为中华哲水蚤、猛水蚤目（Harpacticoida）、无尾涟和钩虾亚目（Gammaridea）等。其食物组成存在明显的季节变化，除在4个季节均大量摄食虾类外，春季主要摄食腹足类，夏季主要以鱼类为食，秋季主要摄食虾类，冬季摄食桡足类和端足类等小型甲壳生物的比例较高，这主要与胶州湾饵料生物种类和数量的季节性变化有关。随着体长增长，六丝钝尾虾虎鱼摄食的饵料生物由小型的桡足类逐渐转变为个体较大的经氏壳蛞蝓（*Philine kinglipini*）、绒毛细足蟹（*Raphidopus ciliatus*）和日本鼓虾（*Alpheus japonicus*）等，食物组成呈现出明显的随体长变化特征（韩东燕，2016）。

3. 皮氏叫姑鱼

皮氏叫姑鱼的饵料生物随月份和个体生长发生转变，幼鱼主要摄食端足类，而成鱼在繁殖前期主要摄食鱼类和虾类，繁殖期间主要摄食端足类。皮氏叫姑鱼是以底栖动物为主的肉食性鱼类，主要以甲壳类中的虾类为食，其次是鱼类和多毛类。摄食的饵料种类有28种，优势饵料生物种类是安乐虾（*Eualus* spp.）和脊腹褐虾（薛莹，2005）。

4. 斑鰶

斑鰶营腐屑食性，主要摄食腐屑（约占食物组成的60.0%），也摄食相当数量的动物性饵料（36.5%）和少量的植物性饵料（3.5%）。除腐屑外，双壳类幼体和腹足类幼体也是其主要摄食对象，其他种类为次要摄食对象（杨纪明，2001）。

第七章 渔业资源养护与可持续利用

第一节　渔业资源状况

一、渔业资源状况

根据2011年在胶州湾及邻近水域进行的渔业资源季度调查，共捕获渔业资源种类109种。其中，鱼类57种，隶属于2纲、10目、31科、46属，虾类22种，蟹类25种，头足类5种。渔业资源种类包括暖温种、暖水种和冷温种，以暖温性种类为主。胶州湾渔业资源种类组成存在明显的季节变化，季节间种类更替率高。

2011年胶州湾鱼类群落优势种为方氏云鳚（*Enedrias fangi*）和六丝钝尾虾虎鱼（*Chaeturichthys hexanema*），其生物量之和占鱼类总生物量的26.05%，数量之和占鱼类总数量的40.34%；虾类群落优势种分别为口虾蛄（*Oratosquilla oratoria*）、鹰爪虾（*Trachysalambria curvirostris*）、葛氏长臂虾（*Palaemon gravieri*）和细巧仿对虾（*Parapenaeopsis tenella*），其生物量之和占虾类总生物量的90.42%，数量之和占虾类总数量的54.57%；蟹类群落优势种有2种，分别为双斑蟳（*Charybdis bimaculata*）和日本蟳（*Charybdis japonica*），其生物量之和占蟹类总生物量的84.88%，数量之和占蟹类总数量的89.50%；头足类群落优势种有2种，分别为枪乌贼（*Loligo* spp.）和长蛸（*Octopus variabilis*），其生物量之和占头足类总生物量的85.85%，数量之和占头足类总数量的76.17%。优势种有一定的季节变化，总体上以小型低值种类为主。

2011年渔业资源调查显示，胶州湾水域4个季节渔业资源总资源量最高的为夏季，约为269.1 t；其次为秋季，总资源量约为127.9 t；春季总资源量为120.4 t；冬季总资源量最低，为44.3 t。胶州湾年平均资源量约为140.4 t。

二、渔业资源的长期变化

胶州湾及其邻近水域曾经渔业资源丰富。根据20世纪80年代调查，有超过100种鱼类被捕获到，包括多种经济鱼类，如长蛇鲻（*Saurida elongata*）、带鱼（*Trichiurus lepturus*）和黄姑鱼（*Nibea albiflora*）等。同时，胶州湾及邻近水域也是山东半岛南部多种渔业资源种类的产卵场和育肥场，每年有多种鱼类在胶州湾内外水域产卵和育肥（刘瑞玉，1992）。

然而近年来，在受到海洋环境变化和人为活动等多重压力的影响下，胶州湾渔业资源发生了明显的衰退。鱼类种类数下降，在近年渔业资源调查中，鱼类种类数均在50种左右。同时，经济渔业种类的优势地位也不复存在，六丝钝尾虾虎鱼和方氏云鳚等一些小型的低值鱼类逐渐取代了大型经济种类成为胶州湾的优势种。根据2011年季度调查，胶州湾目前的主要优势种为方氏云鳚、六丝钝尾虾虎鱼、双斑蟳和双喙耳乌贼（*Sepiola birostrata*）等小型低值种类。带鱼、黄姑鱼等大型经济种类所占的比例较低，目前有一定资源量比例的经济种类有口虾蛄、长蛸、短蛸（*Octopus ocellatus*）和日本蟳等无脊椎动物。

20世纪80年代初，胶州湾湾内估计的平均资源量为1 175 t，如果对种内群体的季节更替以及捕捞死亡率等加以考虑，则该水域鱼类年度资源总量估计在18 000 t左右，鱼类资源密度约为12 t/km^{2}以上（刘瑞玉，1992）。而2011年调查结果表明，目前胶州湾水域鱼类资源密度约为0.11 t/km^2。渔业资源衰退严重，同时虾类资源量已超过鱼类资源量，在胶州湾渔业中占相当重要的地位。胶州湾渔业资源的优质种类，已从20世纪80年代的以高营养级鱼类为主，变为目前的短生命周期的经济无脊椎动物种类。

胶州湾作为产卵场、育幼场的功能依然存在。根据2009—2010年在胶州湾近岸浅水区的调查资料，在胶州湾浅水区域发现40种幼鱼，尤其仍存在经济种类如鲅（*Liza haematocheila*）、许氏平鲉（*Sebastes schlegelii*）、短吻红舌鳎（*Cynoglossus joyneri*）和钝吻黄盖鲽（*Pseudopleuronectes yokohamae*）等种类。这表明胶州湾仍是重要的产卵、育幼场所，对于渔业资源早期补充和渔业资源养护具有重要作用，应加强对胶州湾生态环境和渔业资源保护，以期实现渔业生物多样性保护和渔业资源的可持续利用（曾慧慧等，2012；徐宾铎 等，2013）。

第二节　渔业资源增殖放流

一、增殖放流的意义

增殖放流是渔业资源养护的重要手段，同时也能够修复渔业水域环境。主要通过人工繁育苗种，将苗种直接放入海域，补充野生种群数量，达到补充渔业资源群体的效果。放流苗种利用海域中的天然生物饵料生长，在较短时间内达到商业可捕规格，获得最大经济效益；同时，部分放流苗种可加入到繁殖补充群体中，补充自然种群，具有一定的生态效益（张秀梅，2009）。通过渔业资源种类的资源增殖，可以优化渔业资源结构，改变一些海区出现的渔业资源量下降以及渔获物种类组成发生不利变化的状况；在大力发展人工养殖生产和加强海洋渔业管理的前提下，积极进行渔业种类种苗放流以达到增殖资源目的，从而提高海域生物生产力，实现渔业生产农牧化，是发展海洋渔业、增加渔业产量的有效途径和必要措施。实施海洋生物资源增殖放流是最直接、根本的渔业资源恢复措施。

增殖放流的效果主要体现在以下几个方面：①在自然水体中适当地增殖放流渔业经济物种的种苗，可增加经济物种的资源量，改善渔业种群群体结构，可以缓解当前渔业资源衰退的严峻形势。②增殖放流可以改善水质和水域生态环境。如某些鱼类、贝类等滤食性种类，它们可以滤食水中的藻类和浮游生物，通过这种作用可以净化和改善水质；水中的水生生物，包括鱼类、贝类和藻类，可以吸收水中的二氧化碳，间接起到二氧化碳减排的作用；水生生物资源增殖放流能快速补充生物群体数量，稳定渔业种群结构，防止物种灭绝，这是拯救濒危物种、保护水生生物多样性行之有效的方法。③增殖放流促进渔民增收，大规模放流水生生物经济物种提高了海域的渔业资源量，可以提高渔民捕捞产量和经济效益。如中国明对虾、三疣梭子蟹（*Portunus trituberculatus*）和海蜇等品种放流的效果都很显著，投入和产出比很高；同时，带动水产品冷冻加工、渔具制造、市场流通及相关行业的发展，促进渔区社会稳定；带动水产种苗的繁育，使种苗繁育技术进一步提高并拉动渔业增养殖。另外，增殖放流具有很好的社会效益，能扩大社会影响，提高公众的资源养护和环境保护意识（杨文波 等，2010；倪静洁，2015）。

胶州湾作为青岛“母亲湾”，具有得天独厚的自然条件，历史上曾以盛产中国明对虾、褐牙鲆、刺参（*Stichopus japonicus*）、鲍鱼及菲律宾蛤仔（*Ruditapes philippinarum*）而闻名（刘瑞玉，1992）。但近几十年来，随着青岛港口、工农业与城市建设的快速发展，湾内水域污染形势严峻，海洋生态环境遭到破坏（孙磊，2008；雷宁 等，2013），湾内传统渔业资源严重衰退，目前仅有菲律宾蛤仔等滩涂贝类支撑着地方性规模渔业（刘学海 等，2015）。胶州湾及其邻近水域定置网和底拖网渔获组成中，幼鱼和低值杂鱼虾占50%以上，经济价值较高的种类也仅以玉筋鱼（*Ammodytes personatus*）、鹰爪虾、口虾蛄、枪乌贼（*Loligo* spp.）和短蛸等无脊椎动物种类占优；而半滑舌鳎（*Cynoglossus semilaevis*）、长蛇鲻、白姑鱼（*Argyrosomus argentatus*）、小黄鱼（*Larimichthys polyactis*）和鲮等经济鱼类，主要以体长 15 cm 以下的小型个体为主（曾晓起 等，2004）。

随着中日、中韩渔业协定的签署，大批捕捞渔船退出原有的作业场所，转入近海生产，近海捕捞压力陡增，造成近海渔业资源进一步衰退，“船多鱼少”的矛盾更加尖锐。青岛市自 2000 年以来，积极开展了各类渔船报废工作。虽然此项措施对缓解近海捕捞压力起到一定作用，但仍不能缓解决渔业资源的衰退趋势，同时带来了渔民转岗就业与产业结构调整等一系列问题。渔业资源增殖放流是目前恢复海洋生物资源量的重要手段，也是解决转岗渔民就业的有效途径之一（乔俊果，2007）。

二、增殖放流的发展现状

从 20 世纪 50 年代起，我国开始进行渔业资源增殖放流研究和放流实践活动，80 年代初开始进行近海渔业资源增殖和大规模生产性种苗放流试验。已经实施增殖放流的品种有 80 多个，包括对虾类（Penaeidae）、鲷科鱼类（Sparidae）、大黄鱼（*Larimichthys crocea*）、海蜇、三疣梭子蟹、锯缘青蟹（*Scylla serrata*）和乌贼（*Sepia esculenta*）等，其中，虾类增殖区域主要集中在黄、渤海；大黄鱼增殖区域集中在东海；鲷科鱼类增殖区域集中在东海和南海；海蜇增殖区域集中在黄、渤海；三疣梭子蟹增殖区域集中在黄、渤海和东海。底播增殖的种类以贝类和海参为主，包括文蛤（*Meretrix meretrix*）、菲律宾蛤仔、贻贝（*Mytilus edulis*）、毛蚶（*Scapharca subcrenata*）、海参和鲍鱼（鲁泉，2008）。多年的增殖放流实践表明，渔业资源增殖放流是恢复水生生物资源的重要和有效手段。因此，加强资源增殖放流对恢复渔业资源，提高渔业产量和质量都具有重要意义。

由于环境污染及过度捕捞等原因，海洋渔业资源持续衰退，水域生态环境正面临荒漠化威胁（胡保胜，2008；鲁泉，2008）。胶州湾、崂山湾（包括鳌山湾、小岛湾）、古镇口湾、黄家塘湾和唐岛湾等海域自然条件优越，基础生产力高，具有放流苗种育肥和滞留充分时间和空间，是山东南部沿海实施人工增殖放流的理想区域（王文海 等，1993）。

为了修复近海渔业资源，1983—2016 年，青岛市每年都组织开展近海海域海洋生物资源增殖放流活动，用于增殖放流的各级财政资金达 1.7 亿元，放流各类水产苗种 75 亿单位，主要品种包括中国明对虾、日本对虾（*Penaeus japonicus*）、三疣梭子蟹、海蜇和褐牙鲆等。随着渔业资源增殖放流规模逐年扩大，放流品种不断优化，海域生态环境明显改善，主要经济渔业品种得到了有效恢复和保护，在青岛沿海形成了一定的捕捞群体与繁殖群体，提高了青岛沿海捕捞品种的资源量，促进了海洋渔业资源的可持续利用，实现了集环境保护、生态修复、海上娱乐及海水增养殖发展于一体的新兴产业发展模式，生态、经济和社会效益明显（青岛市海洋与渔业局，2016）。

不完全统计数据表明，通过人工放流，中国明对虾和三疣梭子蟹捕捞产量已经稳步增长，结合每年实施的禁渔期措施，青岛沿海代表性的虾蟹和鱼类资源有望得到逐步恢复（李增，2014）。尽管大规模人工增殖放流对胶州湾及邻近海域渔业资源恢复起到了一定的促进作用，但由于目前整个放流行动中缺乏精确的、有效的渔业资源增殖评估手段，一些关键性的科学问题仍需要进一步研究（罗刚 等，2016；涂忠 等，2016）。

三、增殖放流技术

增殖放流涉及海域内食物链的重组问题，应当根据各级食物链生产力的关系，通过试验选择能够直接有效转化成可利用水产品的种类，并根据各地情况不断扩大放流的品种和规模，从而恢复渔业资源的质量和数量，修复渔业生态环境。增殖放流技术一般是从鱼类死亡率最高的不同阶段（鱼卵、仔鱼、稚鱼、幼鱼）入手，在自然繁殖和人工培育的基础上，选择适宜的品种；在适宜区域，采用放流方法，有效地提高种群的资源量，以达到资源恢复的目标（倪静洁，2015）。

（一）增殖放流水域的本底调查

在增殖放流之前，摸清放流增殖海域生物资源与环境基本情况，了解放流种类自然种群的数量和分布特征，放流种类的饵料生物和敌害生物种类及数量分布，为开展增殖放流效果追踪调查和评估提供本底资料。调查研究内容主要包括：

（1）理化环境调查，包括温度、盐度、溶解氧、pH、活性磷酸盐、活性硅酸盐、亚硝酸盐和氨氮等，评价主要放流海域理化环境质量状况，研究栖息地环境对放流效果的影响。

（2）生物环境调查，包括叶绿素 a、浮游植物、浮游动物和底栖生物等，查明饵料生物种类组成及其数量分布，评估放流海域生物生产力和生态容纳量。

（3）生物资源调查，包括渔业生物资源种类组成、数量分布、群落物种多样性和群落结构等，查明放流种类自然种群的种群结构和数量分布；开展主要渔业生物种类食性分析，了解放流种类的敌害生物种类及其数量分布，研究渔业种类与放流种类的食物和空间竞争关系。

（二）种苗放流及增殖技术

增殖放流是从鱼类死亡率最高的不同阶段（卵、仔鱼、稚鱼以及幼鱼）的生长发育入手，在自然繁殖的基础上，采用人工培育、放流的方法，有效地提高种群的补充群体数量，以达到资源恢复的目的。因此，鱼类种苗放流及增殖技术的主要研究内容包括：

（1）增殖放流品种的选择：农业农村部《水生生物增殖放流管理规定》明确规定，禁止使用外来种、杂交种、转基因种以及其他不符合生态要求的水生生物物种进行增殖放流。选择资源严重衰退、经济价值高、苗种生产技术过关、回捕率高以及当地布局合理的种类进行增殖放流。

（2）鱼类人工繁育技术：与应用于养殖业的人工繁育技术不同，需要实施增殖放流的物种往往具有较复杂的生活史，或者对环境变化很敏感，难以获得一些物种的亲本，这些都增加了研究的难度，只有投入更多的精力，才能获得较好的人工繁育效果。

（3）放流时间和海区的选择：在不同季节放流种苗有着不同的成活率，如鲑科鱼类春季放流的成活率较高，放流后的回捕率达到 23%；而秋季放流的回捕率仅为 14%（Mckinnell and Lundqvist，2000）。增殖放流最适宜的放流海区应是增殖种类自然产卵场分布的区域，饵料生物丰富、敌害生物少，生态环境和其他理化因子都比较适宜放流种苗的栖息生长，不仅可以提高成活率，还有利于放流物种的回归。

（4）放流种苗大小的选择：种苗大小影响放流后的成活率以及回归率，而且与放流成本有关。理论上讲，最佳的放流规格应是种苗放流入海存活率较高的最小体长。不同的种类，由于其个体差异性，适宜的放流大小也不同。即使是同一种类，在不同的海区，适宜放流的个体大小也可能有很大差异。

（5）放流规模：苗种的放流数量与其成活率相关，同时与该种的饵料、食物竞争者、敌害生物以及拟放流水域的水文条件密切相关，完全确定最佳放流规模非常困难。结合不同的补充量水平以及回捕率，参照该种类往年最大世代产量，来确定具体的放流数量。

（三）主要增殖放流种类

增殖放流种类一般考虑选择经济价值高、生态位分异、地域分布中心不重叠、增殖放流技术相对成熟的种类，但在执行时仍应以技术成熟度、经济支持力度与管理水平而有计划、有重点地逐步展开，尤其应以胶州湾周边的种苗生产能力和养殖生产情况选择适当放流品种。依上述多个方面，胶州湾可遴选如下适宜种类：褐牙鲆、中国明对虾、三疣梭子蟹、菲律宾蛤仔、海蜇、金乌贼、鲮等。其中鱼类计 2 种：褐牙鲆（区域洄游性鱼种）、鲮（定居种）；甲壳类 2 种：中国明对虾（海区洄游性虾类）、三疣梭子蟹（放流区分布种）；双壳类软体动物 1 种：菲律宾蛤仔（潮间带滩涂贝类）；头足类 1 种：金乌贼（区域洄游性种）腔肠动物 1 种：海蜇（浅海大型浮游动物）。

1. 褐牙鲆

褐牙鲆隶属于鲽形目、牙鲆科（Paralichthyidae）、牙鲆属（*Paralichthys*），俗称比目鱼、偏口。褐牙鲆属肉食性鱼类，主要捕食底栖鱼类及甲壳类，其主要食物对象包括虾虎鱼类（Gobiidae）、鳀鲱科鱼类和以玉筋鱼等鱼类以及鹰爪虾、戴氏赤虾（*Metapenaeopsis dalei*）、口虾蛄、双斑蟳等小型甲壳类动物（吴鹤洲 等，1987）。

根据 20 世纪 80 年代胶州湾生态学调查资料，胶州湾及其邻近浅海水域适合褐牙鲆的繁殖和生长。其生长速度较快，当年 8 月体长一般可达 90 mm，至 11 月可达 170 mm。褐牙鲆与中国明对虾主要生活阶段的集中分布空间基本上不重叠，且食物竞争不大，因而褐牙鲆资源的增殖与对虾不矛盾（刘瑞玉，1992）。胶州湾低值小杂鱼（虾虎鱼类、鳀等）和杂虾较为丰富，饵料基础良好。褐牙鲆种苗培育技术和增殖放流种苗的中间培育过程已有丰富的成功经验，增殖放流的时间以及规格明确。在 1984 年放流大规格种苗 6 000尾，至 2016 年为 80 万尾，其增殖放流效果显著。

2. 中国明对虾

中国明对虾隶属于甲壳动物亚门（Crustacea）、软甲纲（Malacostraca）、十足目（Decapoda）、对虾科（Penaeidae）、对虾属（*Fenneropenaeus*），俗称对虾、大虾、明虾、肉虾等，雄虾又俗称黄虾，雌虾俗称青虾。该虾属暖水性、一年生、长距离洄游的底栖性大型虾类，群体由单一世代组成，结构非常简单。其经济价值非常高，曾是黄、渤海虾流网和底拖网的主要捕捞对象和支柱产业种类之一。

中国明对虾为胶州湾海域本地种，海域环境适宜。生长周期较短，放流的小虾苗将在伏季休渔期间自由生长，8 月就能重新“游”回市民餐桌。1984 年山东半岛南部沿海首次人工放流中国明对虾生产性试验开始，至 2016 年每年（除 1987 年外）都在胶州湾海域开展中国明对虾增殖放流，年放流数量在 2.5 亿～13.3 亿尾，回捕率在 2.0%～9.7%，投入产出比达到 1∶17（乔凤勤，2012）。人工放流 30 mm 以上虾苗进入胶州湾，增加胶州湾对虾资源量，提高自然海域基础生产力的利用率。因此，从增殖渔业的成本投入、商品虾规格、渔获量等诸多因素综合考虑，胶州湾的对虾放流量以6 500 万～8 000 万尾较适宜（刘永昌 等，1994）。但考虑到胶州湾生物资源和生态环境发生了一定变化，当前环境条件下的胶州湾中国明对虾增殖放流容量仍需要进一步研究。

3. 菲律宾蛤仔

菲律宾蛤仔属于软体动物门（Mollusca）、双壳纲（Lamellibranchia）、帘形目（Veneroida）、帘蛤科（Veneridae）、蛤仔属（*Ruditapes*）。菲律宾蛤仔是我国主要的海产经济贝类之一，曾在胶州湾水域分布甚广（任一平 等，2007）。近年来，由于自然种群资源严重衰退，目前主要以移植底播养殖为主。2000 年以来，胶州湾底播养殖菲律宾蛤仔苗种主要来自福建莆田，菲律宾蛤仔的底播养殖已成为青岛的特色渔业之一。

菲律宾蛤仔作为胶州湾最主要的增养殖种类，是胶州湾现今主要的滩涂养殖贝类之一。历史上胶州湾菲律宾蛤仔资源非常丰富，其捕捞生产约有 70 多年的历史。据资料记载，早在 20 世纪 30 年代已有群众出海捕捞菲律宾蛤仔；80 年代对菲律宾蛤仔资源的无节制开发，致使其自然资源遭到毁灭性破坏，年际捕捞量徘徊不前（吴耀泉，1998）；90 年代末，胶州湾菲律宾蛤仔开始底播增殖，产量开始有较大幅度提高。2003 年，胶州湾的菲律宾蛤仔总产量达到 32 万 t，占胶州湾海水养殖总产量的 45%以上，占贝类养殖总产量的 60%。研究表明，在红岛东、红岛南、红岛西、胶州、黄岛等胶州湾 5 个养殖区，菲律宾蛤仔的底播密度分别为 718 个/m^2、693 个/m^2、557 个/m^2、805 个/m^2 和 654 个/m^2，平均 690 个/m^2 为最佳放养密度（刘学海 等，2015）。

四、增殖放流效果评价

增殖放流效果评价，是实施渔业资源增殖放流不可忽略的组成部分。通过开展增殖放流效果评价，可以改进放流策略，避免无效果增殖放流现象的发生，从而提高增殖放流工作的效率。对增殖放流效果进行评价，首先应对放流对象进行标记，然后对相关渔业进行调查。目前，评价增殖放流效果的方法较少，一般采用标志放流-回捕分析技术。增殖放流效果评估困难，投入产出比难以具体量化。通过对增殖放流区实施海上定点监测调查、社会调查和标志鱼回收三种方式获取相关数据，采用现场调查与理论推算相结合方式，分析放流后放流点附近海域放流种类的资源、渔获量变动情况、生长情况及死亡率情况，从生态、经济和社会效益三方面对增殖放流效果进行综合评估。

（一）生态效益

青岛市渔业资源增殖放流所带来的生态效益，主要包括渔业资源量的增加和生态系统的修复。其中，前者多以回捕率的大小来衡量，后者多通过水质监测的方法来实现。近年来，随着山东省经济建设的快速发展、水利工程和用海建设项目的增多以及过度捕捞等不合理生产活动，渔业资源逐年衰退，优质经济鱼类数量显著减少。通过增殖放流，山东省近海严重衰退的重要经济渔业资源明显得到补充，如中国明对虾、海蜇、三疣梭子蟹等已形成稳定的秋季渔汛。据专家研究，“十五”期间，山东省南部海域秋汛天然中国明对虾资源可捕量平均每年有 65 t，如果没有持续 20 多年的放流增殖，中国明对虾恐怕早已在山东省近海濒临绝迹；增殖放流食物链高端的渔业品种，如中国明对虾、三疣梭子蟹、褐牙鲆等，能够充分利用低营养级的生物作为索饵生长、肥育和繁衍的饵料基础，有利于改善和提高自然海域基础生产力的利用率，有效增加渔业资源群体数量，优化渔业水域中的食物链结构，改善水域生态环境，维护海域生态平衡（张秀梅，2009）。

（二）经济和社会效益

增殖放流所产生的社会效益往往被人们所忽视，它可以引起全社会关注渔业、重视渔业和珍惜渔业。通过大力宣传政府开展渔业资源增殖放流活动，可以提高渔民的渔业资源保护意识，不再滥捕滥渔。同时，资源量的增加还可增加渔民的收入，有利于维护渔民社区的稳定与和谐。青岛市从 20 世纪 80 年代就开始进行增殖放流工作，主要放流品种有中国明对虾、日本对虾、海蜇、三疣梭子蟹、褐牙鲆、魁蚶（*Arca inflata*）等，取得了显著的经济、社会和生态效益。2005—2007 年，共安排资金 980 多万元，放流水产苗种 6.25 亿单位，累计回捕水产品 6 000 多 t，实现产值 3 亿多元（胡保胜，2008）。另一方面，增殖放流活动的开展可以推动人工育苗技术的提高，规范生产化技术操作，带动育苗等相关产业的发展和技术进步。不仅如此，通过放流后期的管理工作，有利于加强渔业各部门的协调交互能力，能积极调整渔业管理政策，制定出一套相对成熟的增殖放流制度，规范渔业资源增殖放流操作（陈睿毅，2014）。

回捕增殖资源已成为当前秋汛生产的主要形式和渔民增收的重要手段，并取得了明显的经济和社会效益。例如，山东近海中国明对虾秋汛回捕率在8%以上，2005年以来，每年秋汛回捕增殖中国明对虾都在1 000 t以上。2008年，山东省累计回捕增殖海蜇达到创纪录的25 051.7 t，实现产值27 349万元，经济效益十分明显，是增殖效果最好的品种之一。三疣梭子蟹的增殖效果也十分明显，2008年秋汛回捕增殖三疣梭子蟹达13 272 t，创产值58 792万元，实现利润31 883万元，直接投入产出比1∶45，增殖效果显著。大规模人工资源增殖，还促进了水产苗种业、水产品加工贸易、渔需物资等相关行业的发展，增加了社会就业机会，丰富了人民群众的菜篮子，为渔业增效、渔民增收和渔区稳定，为渔业可持续发展和构建和谐社会做出了积极贡献（张秀梅，2009）。

放流回捕率，是对放流效果进行评估并用于指导科学放流行为的重要指标。但目前放流回捕率估算的各类方法都有不同程度的局限性。例如：①根据已有历史统计数据，评估原有野生资源量，在此基础上进行放流回捕率计算。这种方法在20世纪80年代之前是可行的，之后由于野生资源的迅速萎缩和放流群体的动态补充，此方法逐渐不再被使用。②放流前后设置调查断面，利用特定网具进行放流前后幼虾相对资源量调查，根据放流和野生群体的比例，预测放流群体的回捕率。这是目前较为常用的一种回捕率评估方法，由于需要在多点（地点和时间点）重复进行捕捞调查，操作繁琐，费用昂贵，受限因素多，不利于回捕率的精确估算。③体长频数分布混合分布分析法，利用野生和人工放流群体体长差值估算回捕率。该方法经常由于野生和人工放流群体体长差值不显著，而无法提供准确的回捕率。④物理标志放流。对放流群体采用挂牌或剪除尾肢的方法进行标志，从而达到精确估算回捕率的目的，研究放流群体的洄游分布、生长特征和死亡特征。国外也有采用染色标志法（荧光标记染料或其他颜料）、飘带标记等方法，这类方法可以提供较为准确的回捕率。但是该类方法操作繁琐，对个体损害严重，标记个体有限。挂牌操作一般需要个体体长达到5 cm左右，不仅增加了暂养成本，大批量操作也是不可行的。相关研究显示，放流10 mm体长的仔虾，其综合经济效益是最为显著的。同时，物理标志会对个体造成伤害，降低其存活率，染色标记及飘带标记的局限类似于此。剪除尾肢的方法同样会造成标志个体的严重损伤，不利于个体存活，影响回捕率的精确估算。⑤掺入标志群体。放流中国明对虾时，掺入日本对虾种苗，以此作为标志群体进行放流回捕率计算。由于日本对虾与中国明对虾生活习性不同，作为饵料生物被捕食的几率也不同，回捕时存活率有差异（李文抗　等，2009）。以异种对虾作为标志，群体期望提供准确的中国明对虾放流回捕率也是有局限的。因此，科学地进行胶州湾增殖放流的效果评价和放流群体回捕率精确估算，是一项亟待解决的重要任务。

五、增殖放流存在的问题

经过多年的努力，特别是近年来大规模的增殖放流，一些重要渔业资源种类的种群数量有所恢复，渔业生态环境得到一定程度的改善，我国沿岸部分海域多年不见的对虾、海蜇、三疣梭子蟹等渔汛又逐渐形成。同时也存在一些问题，增殖放流有生态修复放流、增加资源量放流和改变生态结构放流三种类型，而在胶州湾海域生态修复型增殖放流的应用实践较少，多以增加资源量为目标。与国外所取得的进展相比，还有很大差距，存在一定的问题，影响了增殖放流效果。

（一）生态系统破坏严重

（1）*陆源污染* 胶州湾沿岸有10余条河流经湾入海，河流沿岸工业废水和生活污水大量排放，导致胶州湾水体污染，富营养化和赤潮频繁，严重影响渔业、沿海工商业和青岛旅游业的发展（钟美明，2010）。

（2）*石油污染* 石油类污染事故和海上船舶航行，造成大量的船舶含油废水和船舶事故溢油等影响较大。

（3）*围填海活动* 围填海活动愈演愈烈，从1992—2005年整个胶州湾的水动力条件有较明显的变化，湾内海水流速普遍减小，特别是胶州湾东岸海泊河口附近最为显著，流速下降了一个数量级（贾怡然，2006）。这势必会对污染物的扩散产生不利影响，同时由于海湾面积不断萎缩，胶州湾的纳潮量也会逐年减少，进而造成对污染物的环境容量降低及对污染物的自净能力减弱，造成胶州湾生态环境不断恶化。胶州湾生态系统环境不断恶化，导致放流种群对海域的适应能力降低，死亡率加大。

（二）增殖放流规模较小、效果差、渔民受益低

每年只靠国家投入的资源增殖资金确实太少，海域自然环境条件得不到充分的利用，加之因管理不是很科学，放流效果又较差，因此，渔民受益较低。放流效果差的原因之一是放流规模偏小，胶州湾大部分海域滩涂均以菲律宾蛤仔为主，其他种类的暂养空间不足，因此，放流成活率和回捕率均较低（李君丰，2010）。

（三）缺乏有效的管理措施

增殖放流工作已经开展了30多年，管理制度不断完善，问题是缺乏有效的管理措施，无法正常执行管理制度。放流个体放流到海里后，要适应水域环境，才能生长。如果此时不能采取有效的保护措施，水域环境被污染，其成活率、回捕率会很低；其次要面临非法违规捕捞和合法违规捕捞两道关卡。非法违规捕捞，主要表现在休渔期间少数渔民的非法违规捕捞，使用网具不加选择地伤害增殖放流的幼苗；合法违规捕捞是在休渔期后，渔民毫无选择地捕获尚处于最佳生长期尚未长成的放流个体（李君丰，2010）。

（四）展望与对策

目前，通过增殖放流对水域重要种群及其生态环境进行保护及修复，并取得了明显的效益。为保证我国渔业的可持续发展，建议采取以下对策：①建立我国近岸水域重要资源保护区，对现有资源总量及物种进行有效评估；②进行关键物种的增殖放流；③开展放流效果跟踪评估技术及放流水域环境容量的研究；④控制对受保护物种的捕捞压力，科学制定禁捕时间及区域，控制渔业船只数量及捕捞方式、渔获物的年龄或体长最低额度，保护幼龄种群（贾晓平，2009）。

第三节　海洋生态保护

一、海洋生态保护意义

海洋生态保护，是指采取有效措施，保护红树林、珊瑚礁、滨海湿地、海岛、海湾、入海河口、重要渔业水域等具有典型性、代表性的海洋生态系统，珍稀、濒危海洋生物的天然集中分布区，具有重要经济价值的海洋生物生存区域及有重大科学文化价值的海洋自然历史遗迹和自然景观（国务院法制办公室，2000）。对已遭到破坏的具有重要经济价值、社会价值的海洋生态，进行整治和恢复。

自20世纪70年代起，我国学者对海洋生态环境保护开展了诸多研究。在海洋生态保护理念方面，徐祥民（2012）认为，从人类可获得的海洋环境利益来看，要想减缓海洋环境恶化趋势，在开发海洋时应贯彻普遍合作、一致行动、利益共享、谨慎开发、强制保护、将保护措施法律化等原则。高强（2004）认为，我国海洋经济要实现可持续发展的目标，应该秉承创新观念、海陆经济一体化、科技兴海、国际合作、依法治海、综合管理等理念。张珞平（2004）认为，要在科学性证明海洋生态已受威胁之前就及时采取保护海洋、实现海洋可持续发展的海洋利用理念，用新的战略眼光指导海洋环境和生态研究，制订科学合理的海洋管理策略。

海洋生态保护，有利于保护海洋生物资源与生态环境。划定和实施海洋自然保护区、建立海洋公园等措施，能够保护红树林、湿地、珊瑚礁等典型海洋生态系统，也能够保护许多珍稀物种，如海龟、文昌鱼、海豚等，是保护生物多样性的有效措施。

海洋生态保护，有利于促进海洋科学研究。海洋自然保护区内的大量珍稀动植物以及完整的生态系统，为科学研究提供了基础材料，具有极大的科研价值，对海洋生态进行保护能够为多个学科，如动物学、植物学、生态学、地质学、遗传学等提供研究场所和研究对象（陈兴华，2005）。

海洋生态保护，也能够为人们带来一定的经济效益。进行生态保护的海域大多为景色秀丽、适合开发旅游资源的沿岸地区，不仅可以建立自然保护区和特别保护区，也适合建设海洋公园。截至2016年年底，我国已批准建设国家级海洋公园42处，全力协调海洋生态保护和资源利用的关系，促进沿海地区社会经济的可持续发展和海洋生态文明建设。

《中华人民共和国海洋环境保护法》第二十二条指出：凡具有下列条件之一的，应当建立海洋自然保护区：（一）典型的海洋自然地理区域、有代表性的自然生态区域，以及遭受破坏但经保护能恢复的海洋自然生态区域；（二）海洋生物物种高度丰富的区域，或者珍稀、濒危海洋生物物种的天然集中分布区域；（三）具有特殊保护价值的海域、海岸、岛屿、滨海湿地、入海河口和海湾等；（四）具有重大科学文化价值的海洋自然遗迹所在区域；（五）其他需要予以特殊保护的区域。第二十三条指出：凡具有特殊地理条件、生态系统、生物与非生物资源及海洋开发利用特殊需要的区域，可以建立海洋特别保护区，采取有效的保护措施和科学的开发方式进行特殊管理。根据海洋特别保护区的地理区位、资源环境状况、海洋开发利用现状和社会经济发展的需要，海洋特别保护区可以分为海洋特殊地理条件保护区、海洋生态保护区、海洋资源保护区、海洋公园等类型。

胶州湾已经历了100多年的现代化开发利用，尤其是20世纪50年代的盐田建设、70年代前后的填湾造地和80年代以来的围建养殖池塘、开发港口、建设公路、工厂等几波填海高潮（高振会 等，2009）。近几十年的高强度开发，使得胶州湾的海洋环境和生态环境发生了很大变化，海湾、滩涂面积和纳潮量逐渐减小，海洋自净能力不断下降，鱼类、虾类、尤其是滩涂贝类的生长和繁殖栖息地大量丧失。与此同时，迅速发展和壮大的临海工业、海运业、养殖业及急剧增加的城市人口，不断将大量污染物质排入湾内。目前，胶州湾分担着全市排海污染物总量的一半以上（贾怡然，2006）。

胶州湾主要直接源包括18个综合性排污口和部分工厂直排口，包括8个城市污水处理厂排污口和10个入海河口。综合2014年5月国家海洋局第一海洋研究所和2015年6月中国海洋大学对胶州湾海域水质、沉积物等调查结果以及《2014年青岛市海洋环境公报》，胶州湾海域海水环境质量状况总体较好，大部分监测指标符合第一类海水水质标准，海水环境主要污染物为无机氮、活性磷酸盐和石油类，主要污染区域分布在胶州湾东北部、北部和西南部沿岸。胶州湾东北部海域氮、磷污染状况相对较重，约20 km^2 的海域面积为劣四类水质。胶州湾北部近岸受无机氮和活性磷酸盐污染较为严重，无机氮在春、夏、秋三季均超第四类海水水质标准，最高浓度达845 $\mu g/dm^3$；活性磷酸盐在夏、秋季超第四类海水水质标准，最高浓度达62.7 $\mu g/dm^3$。胶州湾南部近岸及海西湾-前湾局部海域石油类污染较重，各季节均出现石油类超第一、二类海水水质标准的现象，最高浓度达 98.0 μg/dm³。

胶州湾渔业资源衰退，渔业生物群落结构也发生了变化，小型种类逐渐代替了经济价值较高的经济种类，渔获物低质化、小型化现象十分突出且不断加剧（曾晓起 等，2004；梅春 等，2010；徐宾铎 等，2013）。当前，褐牙鲆、鲮等以往常见经济种类较少，鱼类种类数也明显下降。2003 年，调查仅发现 58 种鱼类（曾晓起 等，2004）。2009 年，胶州湾中部海域调查共捕获鱼类 55 种，优势鱼种有六丝钝尾虾虎鱼、矛尾复虾虎鱼（*Synechogobius hasta*）等（梅春，2010）。2011 年，对胶州湾 4 个航次的调查共捕获鱼类 57 种、虾类 22 种、蟹类 25 种、头足类 5 种，另外，还有双壳类、腹足类、棘皮类等共计 72 种。主要优势种为方氏云鳚、六丝钝尾虾虎鱼、赤鼻棱鳀（*Thryssa kammalensis*）、皮氏叫姑鱼（*Johnius belangerii*）、斑鰶（*Konosirus punctatus*）、李氏䲗（*Callionymus richardsoni*）、口虾蛄、细巧仿对虾（*Parapenaeopsis tenellus*）、鹰爪虾、葛氏长臂虾、脊尾白虾（*Palaemon carinicauda*）、疣背宽额虾（*Latreutes planirostris*）、双斑蟳、日本蟳、双喙耳乌贼、枪乌贼（*Loligo*spp.）、长蛸、短蛸等小型低质鱼类和无脊椎动物。近海渔业资源已过度利用，陷入严重衰退的状况，优势种类已被一些小型杂鱼杂虾替代。因此，降低捕捞强度，保护近海生态环境和生物资源已刻不容缓。

二、海洋生态保护现状

胶州湾是青岛的母亲湾，从历史和今天来看，蕴含着巨大的价值。大沽河是注入胶州湾流程最长、流域面积最广的河流，该河口湿地也是青岛市最大的一片湿地，面积约 400 km²，是目前青岛市人口分布密集、经济发展活跃的区域之一，对青岛市的经济发展起着重要作用（王艳玲，2007）。胶州湾湿地生态系统在净化环境、减轻灾害、保护海岸线和维持生物多样性方面，发挥着重要作用。然而，在我们向胶州湾索取巨大财富的同时，大量开发活动对其功能产生了危害，也给其生态环境带来巨大威胁。

胶州湾面积在不断缩小，推算该湾在 1915—1932 年水域面积为 560 km² 左右，1935 年实际调查面积为 559 km²，中华人民共和国成立后又生产恢复到开发时期，1963 年实测面积缩为 423 km²，1980 年调查又减至 400 km²，到 1985 年仅 5 年因虾池开发、围海造地估计面积又缩减至 374.4 km²（按人工用海的外部界线计算），至 2006 年面积大约为 362.4 km²，即胶州湾面积在 70 年余年的时间里减少约 200 km²（贾怡然，2006）。胶州湾水域面积的缩小，已经造成海湾纳潮量急剧减少，对气候调节能力降低，水动力强度减弱，水体交换和携沙能力下降，导致海洋自净能力降低，生态环境恶化（高振会 等，2009）。

由于受到污染的影响，胶州湾的生态环境严重破坏，生物多样性迅速减少。目前，部分胶州湾水域污染仍然存在，主要污染物是无机氮、磷酸盐和石油类等。若不严格控制，将会破坏海洋生态环境，影响海洋经济发展，进一步制约青岛市的整体发展。

为了保护胶州湾湿地资源，控制不合理的开发利用活动，遏制滨海湿地生态环境恶化，保护胶州湾的生态环境，2006 年青岛市海洋与渔业局开展了胶州湾滨海湿地海洋特别保护区的选划筹建工作。2009 年 4 月 30 日，经山东省政府同意、省海洋与渔业厅正式批复，建立了胶州湾滨海湿地省级海洋特别保护区。保护区位于胶州湾西北的大沽河口，总面积 3 621.92 hm²。其中，生态保护区面积约 1 314.61 hm²，资源恢复区面积约 1 784.55 hm²，环境整治区面积约 522.76 hm²，开发利用区与资源恢复区重叠，为资源恢复区的升级阶段。

自该特别保护区建立以来，青岛市海洋与渔业局及相关区市海洋与渔业局积极开展建设管理工作，协调青岛市财政设立了该保护区建设管理专项资金，依托胶州市和城阳区海洋与渔业局现有基础，成立了胶州湾滨海湿地特别保护区胶州、城阳管护站，并建立和完善了值班制度、巡护制度，开展了一系列生态整治、修复工作，并积极开展保护区宣传工作，为胶州湾河口湿地的保护奠定了坚实基础。但由于该保护区面积较小，级别不够高，所以其保护范围和保护力度与胶州湾的保护诉求都有较大差距。

为彻底扭转这一严峻形势，青岛市委、市政府提出了进一步切实加强和实施胶州湾岸线终极性、永久性保护和建设的要求。2014 年 9 月 1 日，经青岛市人大审议通过的《青岛市胶州湾保护条例》实施，意味着对胶州湾最严厉的保护行动已上升到法律层面拉开帷幕。为了更加有效地保护胶州湾的各类生态资源，并发挥其最佳效益，按照青岛市委、市政府的指示，青岛市海洋与渔业局组织申报建设青岛胶州湾国家级海洋公园，于 2015 年 9 月提交了相关申报材料，并于 2016 年 8 月 25 日获批建立青岛胶州湾国家级海洋公园。

青岛胶州湾国家级海洋公园位于胶州湾中北部，总规划面积 20 011.00 hm²。范围覆盖胶州湾内港口航运区以北的大部分区域，是全国最大的半封闭海湾国家级海洋公园。陆上边界基本参照青岛市人大常委会批准的胶州湾保护控制线，西部与胶州湾内石化产业区间留有一定的缓冲区。海洋公园海域面积 19 971.77 hm²，陆域面积 39.23 hm²，包括浅海湿地、潮间带湿地、河口湿地等多种湿地类型，湿地生态系统的服务功能和价值较高；海域营养条件良好，是多种经济鱼类、无脊椎动物的产卵场和育幼场，生物多样性保护价值较高。国家级海洋公园内划分为重点保护区、生态与资源恢复区以及适度利用区三个功能区。

重点保护区，面积共约 5 585 hm²，占保护区总面积的 27.91%。主要为海域，陆域面积为 28.12 hm²。重点保护区位于红岛以西，自宿流前至红石崖，包括大沽河口及洋河口湿地的核心区域，该区域资源条件适宜，营养盐丰富。重点保护区的生态环境保护目标核心是大沽河与洋河口湿地的生境保护和恢复。该区域是胶州湾的生态核心，区内应实行严格的保护制度，以自然恢复为主，加强巡护，禁止任何不利于重点保护区保护的活动，对于有利于保护区保护的开发活动，应经严格科学论证后可允许实施。严禁进行围填海等可能对海岸、海底地形地貌等自然环境造成破坏的开发活动。应严格限制现有养殖活动，不允许继续扩大养殖范围，对现有养殖区使用到期后可采取置换位置等方式收回；允许开展增殖放流、湿地植物栽植等恢复性保护活动。

生态与资源恢复区面积为 3 116 hm^2，占保护区总面积的 15.57%。该区域位于胶州湾东北部女姑口湾，自红岛东至娄山河口以北的湾底区域，陆上边界为胶州湾保护控制线。生态与资源恢复区区内应严控陆源污染，着重加强对此处入海的墨水河、白沙河、洪江河等几条入海河流的污染控制，进行对生态环境恢复有益的修复性开发活动，根据保护区规划的规定，也可适当开展非资源破坏性生产经营和项目建设活动，如建设湿地公园、限制规模的底播增养殖等。不得开展对生态修复不利的开发建设活动，对水面养殖及池塘养殖应予以清理。待生态资源环境得到恢复后，可适当发展生态旅游开发活动。

适度利用区面积为 11 310 km^2，占保护区总面积的 56.52%。该区域包括港口航运区以北的湾中部水域与红岛西至大沽河段的养殖池塘及部分盐田，陆上边界为自东大洋东至罗家营段的胶州湾保护控制线。在适度利用区经严格科学论证，可以适度开展与保护目标不相冲突的开发活动，如海上旅游休闲、底播养殖等活动。结合《青岛市胶州湾保护条例》和胶州湾控制线的管控要求，禁止围填海建设及其他可能对海域地质地貌、生态环境造成损害的开发活动。应清理现有水面养殖，控制并缩减底播养殖至适度规模，对现有池塘养殖应逐步实施退塘还海，进行湿地恢复及保育。

胶州湾国家级海洋公园的建立，进一步完善了海洋保护区体系，加快了青岛市海洋生态保护进程，对青岛市海洋资源的合理利用、沿海地区社会经济的可持续发展以及海洋生态文明的建设起到了积极推动作用。至此青岛市海洋特别保护区达到 6 处，总面积达到 804.71 km^2。

三、海洋生态保护策略

（一）建立海洋自然保护区

对胶州湾海洋生物多样性开展调查与评估，加强管理海洋濒危物种保护和外来入侵物种防范的力度，建立海洋生态保护区，达到海洋环境整治和海洋资源保护的效果。通过增殖放流、生态养殖等途径，修复海洋生物资源，改善海洋生态环境。同时，加大海洋污染物的控制与治理力度，严格控制陆上污染物、海上流动污染源的排放总量，减少人类对海礁的干扰程度，实现海洋资源的修复。加强各类海洋保护区规划和管理，完善海洋保护区基础设施和标准体系建设。

例如，胶州湾中北部区域湿地资源丰富、景观优美，具有巨大生态服务价值，而且是多种珍稀鸟类重要的繁殖地、越冬地与迁徙停歇地，是中国明对虾、褐牙鲆等渔业资源重要的产卵场、育幼场，是地理标志保护登记品牌“胶州湾蛤蜊”产地，是青岛著名的休闲旅游品牌“红岛蛤蜊节”的承办依托载体，对周边环境与社会经济发展构成重要影响。因此，在此建立的青岛胶州湾国家级海洋公园，其保护胶州湾保护控制线内的湾北部湿地与大沽河口湿地，包括其面积及环境质量，涉及重要生态湿地的保护、海洋资源保护与修复等多个方面，也是对特殊海洋生态景观、海洋生态敏感区和脆弱区、较重要海洋历史文化遗迹等集中区域的综合生态保护策略。

（二）严格实施《青岛胶州湾保护条例》等法律法规

进入 21 世纪，海洋立法步入快速发展阶段，立法的广度和深度得到大幅提升。国家在海洋立法上不断拓展新的领域，对海域使用、海岛保护和港口管理等方面进行了一系列的立法。在此指导下，山东省和青岛市也陆续公布并实施了一系列关于胶州湾的地方性法规、规章及其他规范性文件，为做好胶州湾环境的调查、评价、规划和管理等工作提出了更加详细的规定和要求。

《青岛市胶州湾保护条例》自 2014 年 9 月 1 日起实施，这是迄今为止对胶州湾管理最全面最系统的立法。该条例明确了对胶州湾的整体规划，规定了胶州湾管理的机构及其职责，对胶州湾的污染防治、生态保护和修复提出了具体的要求，确立了对胶州湾的监督检查及其法律责任。

要保护好胶州湾生物资源及环境，必须严格实施《青岛胶州湾保护条例》等法律法规，同时，让更多的人尤其是青岛市民意识到胶州湾湿地资源的重要性。要真正保护好胶州湾湿地资源，只有通过法律手段才能实现。根据《青岛胶州湾保护条例》等法律法规，在城市沿海一带规划方面，必须严格控制建筑的高度、密度、体量和退线距离等，并将其作为规定性指标；禁止在胶州湾海域内围海、填海；胶州湾沿岸不再作为设施养殖用海，特别是胶州湾大桥两侧的网箱和筏式养殖（齐衍萍 等，2015）。胶州湾保护控制线向陆地一侧，娄山河、洋河以南和胶州湾保护控制线与经二路红岛西侧相交处至大沽河区间距离 30 m 范围内，其他区域距离 100 m 范围内，除景观、交通需要外，不应新建、扩建各类建筑物和构筑物（齐衍萍 等，2015）。

（三）划定海洋生态红线

2012 年，国家海洋局印发《关于建立渤海海洋生态红线制度的若干意见》，提出将渤海海洋保护区、重要滨海湿地、重要河口、特殊保护海岛和沙源保护海域、重要沙质岸线、自然景观与文化历史遗迹、重要旅游区和重要渔业海域等区域划定为海洋生态红线区，并进一步细分为禁止开发区和限制开发区，依据生态特点和管理需求，分区分类制定红线管控措施（何彦龙 等，2016）。海洋生态红线制度为维护海洋生态健康与生态安全，将重要海洋生态功能区、生态敏感区和生态脆弱区划定为重点管控区域，并实施严格分类管控的制度安排（郑苗壮 等，2016）。

为了保护胶州湾环境与海洋生态，应科学划定胶州湾海洋生态红线区，实施海洋生态红线区制度，提高红线区域内海洋开发活动准入门槛，科学合理安排、限制或禁止海洋开发活动，在海洋生态红线区域内率先实行海洋生态补偿机制（齐衍萍 等，2015）。同时，建立健全绩效考核评价体系，加强宣传红线区海洋资源保护利用政策，切实推进海洋生态保护进程，科学开发利用海洋资源。在海洋生态红线区受损区域内实施生态修复措施，促进海岸防护林保护和滨海植被的恢复，修复受损岸线，有效防止海岸侵蚀。

（四）实施严格的污染防治政策

胶州湾沿岸有数个大型污水处理厂和十数个入海河口，几乎所有近岸生活污水、工业废水及农业化肥污染废水都流入胶州湾，导致近岸海域富营养化，赤潮发生频率不断，部分海域有机污染尚未得到有效控制。因此，应该继续加强近岸海域有机污染控制，同时，要大力削减氮、磷等营养盐的入海量，从生活污水、工业废水及面源污染防治角度提出总量控制对策，以期近岸海域生态环境质量得到初步改善。

生活污水方面，应该提高城市污水集中处理能力，加强宣传教育，鼓励市民积极使用再生水。工业废水方面，应该合理调整工业布局、优化产业结构；发展循环经济，推进清洁生产；严格实施企业污染物排放总量控制。必须落实污染物排海总量控制制度，深化胶州湾环境容量研究，对超量排污的单位要依法责令整改。加强陆源入海排污口设置的审批，对设置不合理、排放有毒污染物的陆源入海排污口，实施关停并转；对超标排放污染物的排污口，加强监管，实现达标排放。同时，科学规划养殖布局，减轻养殖自身污染（齐衍萍 等，2015）。

（五）实施严格的海洋环境风险管理措施

环境风险管理是指依据环境风险评价结果，按照适当的法规或条例，选用有效的控制技术手段，削减风险的费用并进行效益分析；确定可接受的风险度和可接受的损害水平；考虑社会经济和政治因素进行政策分析；确定合理的管理措施并实施，以降低甚至消除事故的风险度，保护人群健康与生态系统安全。目前，中国环境风险管理一般分为四个阶段，包括风险识别与源项分析、风险后果概率计算、风险评估和模拟以及风险的防范和管理措施（周平 等，2009）。

根据胶州湾的实际情况，针对胶州湾内的原有开发活动和生态灾害，建立严格的胶州湾环境风险分级管理制度并实施风险防范措施，建立健全各利益相关方共同参与、各负其责、协调一致的胶州湾环境风险联防联控工作机制。继续强化环境风险管理，加快应急响应能力建设，实施分级风险管控，科学预警预报其他环境风险，并针对不同风险等级提出管理建议与防范措施，科学有效应对各类环境灾害。

（六）强化海洋生态监测和生态灾害管理

依据胶州湾的海洋生态环境现状，提高生态监测能力，完善生态监控体系，加强海洋生态灾害预警预报和防治工作。提高卫星航空遥感、远程视频和在线自动监测能力。同时，建设监控海洋绿潮和赤潮、水母、外来入侵物种、敌害生物、病毒病害等全方位网络。开展海洋生态灾害防治技术应用示范，加强对海洋生态灾害防治体系及治理示范的工程建设（姜少慧 等，2015）。

建设胶州湾环保设施，提高环保监管能力，着力建设立体生态保护网络，全方位监测环境数据。要有计划地开展海洋环境监测、涉海工程项目监测、养殖水体监测等。要建设重要排污口和入海河口监控系统，实时监测排污口和入海河口水质状况，最大限度地减少污染物排放。

（七）加强海岸线管理

海岸线不仅提供港口岸线资源，还提供了美丽的岸线自然生态景观，其保护与利用不仅关系到城市及其港口腹地的发展，也影响着海洋生态环境的安全。因此，对海岸线的科学保护和合理开发，具有十分重要的意义（李梅生 等，2012）。

1. 规范管理港口海岸线，推动港口经济发展

通过重新规划港口海岸线和资产重组、市场监管等手段，提升资源整合度，使港口及各相关要素资源的配置更加合理，实现港口海岸线资源的集约化利用，建设层次清晰的港口发展格局。打造与城市发展相适应的专业化中转运输系统，建设以石化、装备制造、船舶制造、电子信息产业为主的临港、临海产业基地。

2. 优化提升旅游海岸线，发挥沿海特色优势

旅游业是青岛市的主要产业之一，要打破传统的旅游经济模式，结合旅游海岸线的自然条件和交通条件，不同海岸线不同的方向侧重发展，如海水浴场、休闲垂钓、度假、商业、餐饮，海上观光旅游、游艇娱乐及沙滩娱乐项目等。

3. 提高海岸线集约利用水平

提高临海临港项目的准入门槛，对现有使用效率低或存在安全隐患的项目进行清理，整合胶州湾海岸线资源，制订对石化、造船等相关项目的占用率，提高海岸线的集约利用水平。

4. 合理安排临海临港产业的规划布局

青岛市同时具备丰富的海岸线资源和旅游资源，应该加强规划海岸线的科学利用，更好地实现交通业、工业、旅游业等产业的协同发展。

（八）教育宣传

为更好地进行胶州湾海洋生态保护，需要做好海洋生态保护宣传，提高公众海洋生态保护意识。充分利用宣传海报、互联网等等多种媒体形式进行宣传，普及海洋生态保护知识，树立公众生态文明观，引导青岛市居民将海洋生态保护理念融入平时的工作和生活。

青岛是一座依托于海、以“海”著称的开放城市，应该把弘扬海洋文化、提升海洋意识、树立海洋生态文明观作为城市宣传中大力推进素质教育、推进课程改革的切入点。此外，生活在海边的青岛市居民，具有强烈的了解和认识海洋的潜在需求，公众的需要自然也应该成为教育关注的重点。因此，应该开展形式多样、丰富多彩的海洋教育活动，培养公众的海洋意识，树立正确的海洋国土、海洋资源、海洋权益和海洋生态的观念，激发他们自觉保护海洋生态与环境（陆安，2005）。

1. 各级政府加强海洋生态保护意识教育的政策导向

国家在海洋事务上表现出来的政策、立场观点和意志行为，会对国民的海洋意识产生直接和主导的影响，政府对海洋及生态保护的政策导向会引领公众海洋保护意识的发展（陈艳红，2010）。因此，青岛市政府应该通过有计划、有重点地宣传和教育来培养并引导公众提高海洋生态保护意识。

2. 社会媒体扩大海洋生态保护意识教育舆论宣传

媒体的舆论宣传能够扩大政策的实施效果，因此，当国家或政府海洋生态保护相关政策出台后，要借助媒体传播速度快、覆盖范围广的优势进行宣传，让民众了解政策、执行政策并逐步养成自觉遵守的习惯。

3. 地方单位切实落实海洋意识教育措施

进行海洋生态保护意识的教育，往往需要一支理论素养好、实践能力强的队伍来保证教育效果。这支队伍不仅要对国家和地方出台的相关海洋文化建设政策领会透彻，也要深入基层群众开展调查研究，力求在理论研究和应用研究上有新的突破。涉海类院校和科研单位，不仅有能力研究海洋文化建设和海洋生态保护教育理论，而且可以通过在教育教学体系中设置相关教学课程和实践内容，提高学生的海洋生态保护理念。

第四节　海洋渔业资源管理与可持续利用

一、渔业资源管理现状

改革开放以来，青岛市对合理开发利用海洋资源采取了一系列有力措施。根据 20 世纪80年代在胶州湾及其邻近海域进行的渔业资源调查，仅胶州湾内就有113种鱼类，主要优势鱼类有褐牙鲆（*Paralichthys olivaceus*）、斑鰶（*Konosirus punctatus*）、鲅和长绵鳚（*Enchelyopus elongatus*）等。同时，虾蟹类和头足类等种类在胶州湾数量丰富，繁殖季节大量出现，在升温季节交替产卵，形成程度不等的季节性渔业（刘瑞玉，1992）。然而，随着近海捕捞压力的逐渐加剧，胶州湾及邻近水域渔业资源衰退，渔业生物群落结构也发生了巨大变化，经济价值较高的经济种类逐渐被小型种类所替代，渔获物低质化、小型化现象十分突出且不断加剧。褐牙鲆、鲅等以往常见经济种类到现在已经十分少见，鱼类种类数也下降明显，渔业资源可持续利用面临着危机和挑战。

因此，青岛市加强了对渔业资源的管理，主要措施如下：①加强海洋捕捞渔业资源的管理力度，实行禁渔区、禁渔期等措施；②实施海洋捕捞渔业零增长制度，严格管控捕捞许可证的发放，避免增加渔业产业中的输入量，实行渔船报废制度；③加强科技在渔业中的应用，借助科研院所和高等院校的力量进行渔业资源调查，科学合理地设置渔具网目尺寸，减少渔获物中幼鱼的比例；④实施近海渔业资源修复工程，提高渔业可持续发展能力；⑤挖掘渔业经济增长点，大力发展休闲渔业。近年来，青岛市立足于本地优势，把休闲渔业作为渔业经济的增长点来培植。目前，全市休闲渔业已发展到多处，会场海洋生态观光园、甘水湾休闲渔业民俗村和莱西湖生态休闲区被山东省认定为首批“省级休闲渔业示范点”。

二、渔业资源养护与可持续利用

海洋渔业资源具有与其他资源不同的特性：①再生性。渔业资源可以通过种群的繁殖而不断再生。②洄游性。大多数海水鱼类都有洄游习性，在一定范围的海域内进行生殖洄游、索饵洄游和越冬洄游。③共享性。渔业资源的洄游性决定了渔业资源分布的广泛性和共享性。《联合国海洋法公约》将共享性渔业资源定义为“几个种群同时出现在两个或两个以上沿海国专属经济区，或出现在专属经济区内又出现在专属经济区外的邻近区域内”的渔业资源。④多样性。渔业资源种类多样，按照适温类型可分为暖水种、暖温种、冷温种和冷水种；按照栖息水层可分为中上层种类和底层种类；按照洄游习性又可分为洄游种和定居种等。⑤波动性。渔业资源会受到气候、水文环境和人类捕捞等因素的综合影响，导致资源量波动性较大，造成捕捞生产和养殖等活动的不确定性和风险性（卢秀容，2005）。

为保护胶州湾渔业资源，保证渔业资源的可持续利用，必须采取措施对其进行养护：继续并严格实行胶州湾内为禁渔区的制度；限制人工水产养殖的面积和规模；科学合理增加增殖放流的种类和规模；适当进行保护性人工鱼礁的投放；加强胶州湾国家级海洋公园建设；建立并完善生物多样性保护和生态安全监管网络，促进胶州湾生态系统的良性发展。

同时，加强对海岸带和滩涂湿地的保护和修复，通过改善胶州湾的环境间接养护渔业资源。在开发滩涂湿地的同时必须合理规划、统一管理，适度发展养殖业，大力发展滨海旅游业；依据滩涂湿地、近海海域的环境容纳量和生态承载力，推动湿地生态修复工程和环境整治工程建设。加强对胶州湾滩涂生态系统环境和资源的调查力度，力求全面了解和掌握湿地生态功能现状，有利于全面优化湿地生物种群结构，提高湿地的生物多样性和抗干扰能力，合理布局近海产业和临海产业，切实维护好滩涂的生态环境（王夕源，2013）。

自古以来，人类任何开发和利用海洋资源的活动，都对自然资源和环境产生一定的负面影响。渔业发展不能再重蹈重经济、轻社会，重短期、轻长远的粗放型发展的覆辙。因此，建立一种新的环保与生态发展理念，走与环境协调可持续发展的道路，就显得尤为重要。

海洋生态渔业是指通过渔业生态系统内的生产者、消费者和分解者之间的分层多级能量转化和物质循环作用，使特定的水生生物和特定的渔业水域环境相适应，以实现持续、稳定、高效的一种渔业生产模式（王夕源，2013）。

发展海洋生态渔业，转变渔业发展方式，实现渔业经济效益、社会效益和生态效益的统一，用可持续发展的观念全面推进海洋生态渔业的发展，发展资源节约型、环境友好型渔业，是养护渔业资源、促进渔业发展的必然要求，也是胶州湾及邻近海域海洋渔业可持续发展的必由之路。

发展海洋生态渔业，要利用海洋生态系统的能量流动与物质循环规律，依据海洋生物之间的共生互补原理，应用生态学基本原理、生态系统稳定性机制和系统学的方法，采取科学、合理的海洋水生生物管理措施，创建新型海洋渔业可持续发展模式，逐渐构建生态平衡、经济高效的良性循环的现代海洋渔业体系，最终实现渔业生产与海洋生态环境的协调可持续发展。

发展海洋生态渔业主要体现在以下几个方面：

（1）*推进海洋渔业产业转型升级*　建设资源节约和环境友好型渔业，已经成为海洋生态渔业的核心。转变当前胶州湾内渔业经济发展方式，改变依靠高投入、高消耗来支持渔业增长的粗放型发展方式，转而走高科技、高收益、低消耗、低污染可持续发展道路。

（2）*保护海洋生态环境*　优良的海洋生态环境，是海洋水生生物赖以生存的必要条件，也是发展可持续海洋生态渔业的基本要求。如何养护胶州湾生态环境、缓解湾内水生生物资源严重衰退的状况，确保海洋生态安全和海洋渔业可持续发展，已成为建设现代化海洋渔业产业的重要任务。如在胶州湾推行洁水型渔业养殖开发模式，科学开展渔业生物资源的增殖放流，促进海洋水域生态系统恢复和环境修复，既能保证胶州湾生态系统的功能正常运行，也能促进维护渔业生态安全。

（3）提高渔业产品质量　渔业作为农业中最具发展前景的产业，需要由资源消耗型转向环境友好型的可持续快速发展模式，实现海洋渔业持续增产、产品质量明显好转、安全水平明显提升、渔民收入普遍增长。

海洋是全球生命支持系统的一个基本组成部分，也是人类未来生存与发展的新空间，21世纪人类社会可持续发展将越来越依赖海洋。当前，世界海洋发达国家都把开发海洋定为重要的国策，海洋资源的永续性、海洋技术的有效性和海洋经济的合理性，已成为制定海洋开发与管理政策的重要前提。胶州湾是青岛海域重要组成部分，对其进行渔业资源合理管理和科学养护，才能获取海洋开发的长远利益，才能对其资源和环境进行可持久利用，才能促进青岛市海洋经济的蓬勃发展。

三、资源与环境保护措施

（一）控制胶州湾邻近海域捕捞强度

针对当前胶州湾及其邻近海域渔业资源逐渐衰退的现状，应尽快实施限额捕捞、渔获总量控制等渔业管理模式，严格控制渔船马力数，坚决清理“三无”船舶，控制胶州湾邻近海域的捕捞强度。根据胶州湾生态环境的承载量，制订科学的利用方式，保护海洋生态结构和生物多样性。在渔业资源开发与利用的过程中，必须采用符合高科技、高效益、低污染要求的手段，逐步达到海洋渔业可持续发展的目标。

（二）海洋渔业的生态养殖

胶州湾海水养殖产业的发展，既可以满足和丰富沿岸水产品市场，又可以优化和改善居民饮食结构，提高国民整体营养水平，同时促进渔民增收。然而，传统的海水养殖较为原始粗放，采用高密度、大投入、多产出的模式，过量投饵，超额放苗，在缺乏海洋生态可持续利用的理念基础上，导致胶州湾内海水养殖生态系统严重污染、海水养殖种质退化、病害增多、产品质量下降，进而危害到居民的食品安全。因此，应科学设置湾内养殖布局，优化养殖结构，同时加强养殖品种病害防治技术，研究清洁养殖方法，开展多元化综合性生态养殖。

此外，应严格执行胶州湾内禁渔制度，并加强胶州湾及邻近海域海洋生态环境修复的研究，有效恢复传统青石渔场作为部分经济鱼类和无脊椎动物的产卵场、索饵场的功能，同时，也能保护和提升放流鱼虾幼体的自然成活率。加速推进海洋生态渔业的劳动者由传统劳力渔民向新型知识渔民的转变，培养一批有文化、懂技术、会管理、善经营的新型渔民，为海洋生态渔业发展方式的转变提供知识支撑。加快渔业经营体制和机制的改革创新，促进海洋生态渔业经营方式由分散型向集约型转变，实现以海洋生态养殖为主的现代海洋渔业的可持续发展。

（三）保护和合理利用近海资源

胶州湾拥有超过10 000 hm^2 的滩涂面积，除部分围填海外，绝大多数滩涂区域开发进行贝类的海水养殖（张顺香，2013）。为制止滩涂贝类掠夺式养殖的局面，保护和合理利用胶州湾资源，应进一步完善股份合作制，强化管理措施，积极引导有条件的渔业镇、村增加集体投入，进一步完善股份合作制，组建渔业公司，对滩涂贝类养殖统一规划、统一布局、统一放苗、统一收获，合理密殖，轮养间养，形成以集体投入为主的渔业经营体制，并大力推广跨区域、跨行业、跨所有制联合开发。

（四）发展海洋牧场与休闲渔业

重视发展海洋牧场，通过多种方式和手段，利用各种材料如报废船体、混凝土、玻璃钢等，为海洋生物建造适宜的栖息环境。近几年来，青岛市开始实施渔业资源修复工程，同时编制了《青岛市渔业增殖放流规划》，在胶州湾、崂山湾等重点海湾内加大中国明对虾、海蜇、三疣梭子蟹、褐牙鲆等优势水产苗种流放力度（王夕源，2013）。

此外，加大发展现代海洋渔业的政策扶持和资金投入，依据研究所和高等院校的调查结果，引导传统的单一经济贝类养殖向多元化综合性生态养殖产业发展，加快形成以经济渔业为主，垂钓、餐饮娱乐、教育等同步发展的休闲渔业产业，推动胶州湾海洋渔业由低值向高值转变。

（五）建设海洋自然保护区

胶州湾中北部区域湿地资源丰富、景观优美，具有巨大生态服务价值，且是多种珍稀鸟类重要的繁殖地、越冬地与迁徙停歇地，是中国明对虾、褐牙鲆等渔业资源重要的产卵场、育幼场，对周边环境与社会经济发展构成重要影响。加强胶州湾内海洋渔业保护区、海洋自然保护区、海洋特别保护区、水产种质资源保护区、海洋公园建设，强化对重点海域、重点养殖区、重点岸带、鱼类产卵场和洄游通道的有效保护，开展海洋特别保护区规范建设和管理试点。因此，青岛胶州湾国家级海洋公园，保护胶州湾保护控制线内的湾北部湿地与大沽河口湿地，包括其面积及环境质量，涉及重要生态湿地的保护、海洋资源保护与修复等多个方面，也是对特殊海洋生态景观、海洋生态敏感区和脆弱区、较重要海洋历史文化遗迹等集中区域的综合生态保护策略。

（六）建设保障体系，加强监督监测

加快生态养殖的保障体系建设，如优化增养殖苗种、选用环保饲料、监测环境质量、

加强病害防治和灾害预报、监督产品质量等体系建设；在保护渔民合法权益的基础上，加强捕捞渔业和养殖渔业的执法监督管理，依法监控捕捞方式、养殖方式、苗种投放、水体质量、产品安全等重要指标。为保护胶州湾生态环境，必须对重大水质污染及水质变化提前预报，提前预防，以减少污染所造成的经济损失。彻底根治胶州湾污染，必须切实抓好污染源的治理工作，对排放的污染物进行处理。对污染严重的企业，应责令其整改或关停。严格禁止新上污染严重的企业。

（七）建设海洋渔业数字网络平台

建设面向广大海洋渔业用户的数字网络平台，整合胶州湾渔业数据，并与其他海域相结合，建立信息资源多媒体综合数据库；构建分布式公共海洋渔业信息网络平台，数字式信息交流服务与应用技术的海洋渔业平台，以及多媒体与可视技术的信息平台网上服务系统；加快海洋渔业信息技术及遥感、地理信息系统和全球定位系统的建立与应用；建立并完善蓝色经济区海洋渔业综合管理信息系统，提高海洋生态渔业的开发、管理、服务信息化水平（王夕源，2013）。

附　录

附录一　胶州湾主要浮游动物名录

分类地位	种　类	拉丁名
栉水母门 Ctenophora	球型侧腕水母	*Pleurobrachia globosa*
原生动物门 Protozoa	夜光虫	*Noctiluca scientillans*
尾索动物门 Urochordata	异体住囊虫	*Oikopleura dioica*
腔肠动物门 Coelenterata	灯塔水母	*Turritopsis nutricula*
	八斑芮氏水母	*Rathkea octopunctata*
	半球美螅水母	*Clytia hemisphaerica*
	四枝管水母	*Proboscidactyla flavicirrata*
	锥形多管水母	*Aequorea conica*
	杜氏外肋水母	*Ectopleura dumontieri*
	薮枝螅水母	*Obelia* sp.
	端粗范氏水母	*Vannuccia forbesi*
	黑球真唇水母	*Eucheilota menoni*
	真瘤水母	*Eutima levuka*
	锡兰和平水母	*Eirene cylonensis*
	玛拉水母	*Malagazzia* sp.
	隔膜水母	*Leuckartiara* sp.
	罗氏水母	*Lovenella* sp.
毛颚动物门 Chaetognatha	强壮箭虫	*Sagitta crassa*
	拿卡箭虫	*Sagitta nagae*
节肢动物门 Arthropoda	中华哲水蚤	*Calanus sinicus*
	腹针胸刺水蚤	*Centropages abdominalis*
	真刺唇角水蚤	*Labidocera euchaeta*
	双毛纺锤水蚤	*Acartia bifilosa*
	猛水蚤	Harpacticoida
	细长脚蛾	*Themisto gracilipes*
	钩虾	Gammaridea
	无尾涟虫	*Leueon* sp.

（续）

分类地位	种　类	拉丁名
节肢动物门 Arthropoda	小拟哲水蚤	*Paracalanus parvus*
	太平洋真宽水蚤	*Eurytemora pacific*
	海洋伪镖水蚤	*Pseudodiaptomus marinus*
	近缘大眼剑水蚤	*Corycaeus affinis*
	刺糠虾	*Acanthomysis* sp.
	麦秆虫	*Caprella* sp.
	肥胖三角溞	*Evadne tergestina*
	背针胸刺水蚤	*Centropages dorsispinatus*
	瘦尾胸刺水蚤	*Centropages tenuiremis*
	双刺唇角水蚤	*Labidocera bipinnata*
	瘦尾简角水蚤	*Pontellopsis tenuicauda*
	太平洋纺锤水蚤	*Acartia pacifica*
	捷氏歪水蚤	*Tortanus derjugini*
	拟长腹剑水蚤	*Oithona similis*
	细螯虾	*Leptochela gracilis*
	小寄虱	*Microniscus* sp.
	汤氏长足水蚤	*Calanopia thompsoni*
	钳歪水蚤	*Tortanus forcipatus*
	短额刺糠虾	*Acanthomysis brevirostris*
	褐虾	Crangonidea
浮游幼虫 Pelagic larva	多毛类幼体	Polychaeta larva
	双壳类幼体	Bivalve larva
	海蛇尾长腕幼虫	Ophiopluteus larva
	海星羽腕幼虫	Bipinnaria larva
	水母碟状幼体	Ephyra larva
	桡足类无节幼虫	Copepoda nauplius larva
	长尾类幼体	Macrura larva
	短尾类溞状幼体	Brachyura zoea larva
	辐轮幼虫	Actinotrocha larva
	腹足类幼体	Gastropoda larva
	蔓足类无节幼虫	Cirripedia nauplius larva

（续）

分类地位	种　类	拉丁名
浮游幼虫 Pelagic larva	歪尾类溞状幼体	Porcellana zoea larva
	阿利玛幼虫	Alima larva
	海胆长腕幼虫	Echinopluteus larva
	舌贝幼虫	Lingula larva
	柱头幼虫	Tornaria larva
	磷虾节胸幼虫	Calyptopis larva
	棘皮动物幼虫	Echinodermata larva

附录二　胶州湾主要渔业资源生物种类名录

脊索动物门 Chordata		
硬骨鱼纲 Osteichthyes		
鲉形目 Scorpaeniformes		
圆鳍鱼科 Cyclopteridae	狮子鱼属 *Liparis*	细纹狮子鱼 *Liparis tanakai*
鲉科 Scorpaenidae	平鲉属 *Sebastes*	铠平鲉 *Sebastes hubbsi*
鲉科 Scorpaenidae	平鲉属 *Sebastes*	许氏平鲉 *Sebastes schlegelii*
鲉科 Scorpaenidae	菖鲉属 *Sebastiscus*	褐菖鲉 *Sebastiscus marmoratus*
鲬科 Platycephalidae	鲬属 *Platycephalus*	鲬 *Platycephalus indicus*
六线鱼科 Hexagrammidae	六线鱼属 *Hexagrammos*	大泷六线鱼 *Hexagrammos otakii*
鲂鮄科 Triglidae	绿鳍鱼属 *Chelidonichthys*	绿鳍鱼 *Chelidonichthys kumu*
仙鱼目 Aulopiformes 狗母鱼科 Synodidae	蛇鲻属 *Saurida*	长蛇鲻 *Saurida elongata*
鳗鲡目 Anguilliformes 康吉鳗科 Congridae	康吉鳗属 *Conger*	星康吉鳗 *Conger myriaster*
鲈形目 Perciformes		
鲻科 Mugilidae	鲅属 *Liza*	鲅 *Liza haematocheila*
玉筋鱼科 Ammodytidae	玉筋鱼属 *Ammodytes*	玉筋鱼 *Ammodytes personatus*
线鳚科 Stichaeidae	缝鳚属 *Azuma*	缝鳚 *Azuma emmnion*
鰤科 Callionymidae	鰤属 *Callionymus*	绯鰤 *Callionymus beniteguri*
鰤科 Callionymidae	鰤属 *Callionymus*	李氏鰤 *Callionymus richardsoni*
鰤科 Callionymidae	鰤属 *Callionymus*	短鳍鰤 *Callionymus sagitta*
虾虎鱼科 Gobiidae	髭虾虎鱼属 *Triaenopogon*	钟馗虾虎鱼 *Triaenopogon barbatus*
虾虎鱼科 Gobiidae	栉虾虎鱼属 *Ctenogobius*	裸项栉虾虎鱼 *Ctenogobius gymnauchen*
虾虎鱼科 Gobiidae	栉虾虎鱼属 *Ctenogobius*	普氏栉虾虎鱼 *Ctenogobius pflaumi*
虾虎鱼科 Gobiidae	丝虾虎鱼属 *Cryptocentrus*	长丝虾虎鱼 *Cryptocentrus filifer*
虾虎鱼科 Gobiidae	矛尾虾虎鱼属 *Chaeturichthys*	六丝钝尾虾虎鱼 *Chaeturichthys hexanema*
虾虎鱼科 Gobiidae	矛尾虾虎鱼属 *Chaeturichthys*	矛尾虾虎鱼 *Chaeturichthys stigmatias*
虾虎鱼科 Gobiidae	缟虾虎鱼属 *Tridentiger*	纹缟虾虎鱼 *Tridentiger trigonocephalus*

（续）

虾虎鱼科 Gobiidae	刺虾虎鱼属 *Acanthogobius*	黄鳍刺虾虎鱼 *Acanthogobius flavimanus*
虾虎鱼科 Gobiidae	复虾虎鱼属 *Synechogobius*	斑尾刺虾虎鱼 *Synechogobius ommaturus*
鱚科 Sillaginidae	鱚属 *Sillago*	少鳞鱚 *Sillago japonica*
鱚科 Sillaginidae	鱚属 *Sillago*	多鳞鱚 *Sillago sihama*
天竺鲷科 Apogonidae	天竺鲷属 *Apogon*	细条天竺鲷 *Apogon lineatus*
石首鱼科 Sciaenidae	叫姑鱼属 *Johnius*	皮氏叫姑鱼 *Johnius belangeri*
石首鱼科 Sciaenidae	黄鱼属 *Larimichthys*	小黄鱼 *Larimichthys polyactis*
石首鱼科 Sciaenidae	黄姑鱼属 *Nibea*	黄姑鱼 *Nibea albiflora*
石首鱼科 Sciaenidae	白姑鱼属 *Argyrosomus*	白姑鱼 *Argyrosomus argentatus*
鲭科 Scombridae	鲭属 *Scomber*	鲐 *Scomber japonicus*
鮨科 Serranidae	花鲈属 *Lateolabrax*	花鲈 *Lateolabrax japonicus*
绵鳚科 Zoarcidae	绵鳚属 *Zoarces*	长绵鳚 *Zoarces elongatus*
鳗虾虎鱼科 Taenioididae	栉孔虾虎鱼属 *Ctenotrypauchen*	小头栉孔虾虎鱼 *Ctenotrypauchen microcephalus*
鳗虾虎鱼科 Taenioididae	狼牙虾虎鱼属 *Odontamblyopus*	红狼牙虾虎鱼 *Odontamblyopus rubicundus*
锦鳚科 Pholididae	云鳚属 *Pholis*	方氏云鳚 *Pholis fangi*
锦鳚科 Pholididae	云鳚属 *Pholis*	云鳚 *Pholis nebulosa*
带鱼科 Trichiuridae	小带鱼属 *Eupleurogrammus*	小带鱼 *Eupleurogrammus muticus*
带鱼科 Trichiuridae	带鱼属 *Trichiurus*	带鱼 *Trichiurus lepturus*
鲳科 Stromateidae	鲳属 *Pampus*	银鲳 *Pampus argenteus*
海龙目 Syngnathiformes		
海龙科 Syngnathidae	海马属 *Hippocampus*	日本海马 *Hippocampus japonicus*
海龙科 Syngnathidae	海龙属 *Syngnathus*	尖海龙 *Syngnathus acus*
鲑形目 Salmoniformes 银鱼科 Salangidae	大银鱼属 *Protosalanx*	大银鱼 *Protosalanx chinensis*
鲱形目 Clupeiformes		
鳀科 Engraulidae	棱鳀属 *Thryssa*	赤鼻棱鳀 *Thryssa rammalensis*
鳀科 Engraulidae	棱鳀属 *Thryssa*	中颌棱鳀 *Thryssa mystax*
鲱科 Clupeidae	鰶属 *Konosirus*	斑鰶 *Konosirus punctatus*
鲽形目 Pleuronectiformes		
舌鳎科 Cynoglossidae	舌鳎属 *Cynoglossus*	窄体舌鳎 *Cynoglossus gracilis*
舌鳎科 Cynoglossidae	舌鳎属 *Cynoglossus*	短吻红舌鳎 *Cynoglossus joyneri*
舌鳎科 Cynoglossidae	舌鳎属 *Cynoglossus*	长吻红舌鳎 *Cynoglossus lighti*
鲆科 Bothidae	牙鲆属 *Paralichthys*	褐牙鲆 *Paralichthys olivaceus*

（续）

鲽科 Pleuronectidae	石鲽属 *Kareius*	石鲽 *Kareius bicoloratus*
鲽科 Pleuronectidae	拟鲽属 *Pseudopleuronectes*	钝吻黄盖鲽 *Pseudopleuronectes yokohamae*
鲽科 Pleuronectidae	木叶鲽属 *Pleuronichthys*	角木叶鲽 *Pleuronichthys cornutus*
鮟鱇目 Lophiiformes		
鮟鱇科 Lophiidae	鮟鱇属 *Lophius*	黄鮟鱇 *Lophius litulon*
软骨鱼纲 Chondrichthyes		
鳐形目 Rajiformes		
鳐科 Rajidae	鳐属 *Raja*	孔鳐 *Raja porosa*
鳐科 Rajidae	鳐属 *Raja*	史氏鳐 *Raja smirnovi*
	节肢动物门 Arthropoda	
甲壳纲 Arthropoda		
十足目 Decapoda		
长脚蟹科 Goneplacidae	三强蟹属 *Eucrate*	隆线强蟹 *Eucrate crenata*
长脚蟹科 Goneplacidae	隆背蟹属 *Carcinoplax*	泥足隆背蟹 *Carcinoplax vestitus*
玉蟹科 Leucosiidae	栗壳蟹属 *Arcania*	圆十一刺栗壳蟹 *Arcania undecimspinosa*
卧蜘蛛蟹科 Epialtidae	矶蟹属 *Pugettia*	四齿矶蟹 *Pugettia quadridens*
突眼蟹科 Oregoniidae	突眼蟹属 *Oregonia*	枯瘦突眼蟹 *Oregonia gracilis*
梭子蟹科 Portunidae	蟳属 *Charybdis*	双斑蟳 *Charybdis bimaculata*
梭子蟹科 Portunidae	蟳属 *Charybdis*	日本蟳 *Charybdis japonica*
梭子蟹科 Portunidae	梭子蟹属 *Portunus*	三疣梭子蟹 *Portunus trituberculatus*
扇蟹科 Xanthidae	大权蟹属 *Macromedaeus*	特异大权蟹 *Xantho distinguendus*
毛刺蟹科 Pilumnidae	毛刺蟹属 *Pliumnus*	小刺毛刺蟹 *Pilumnus spinulus*
菱蟹科 Parthenopidae	武装紧握蟹属 *Enoplolambrus*	强壮菱蟹 *Enoploambrus valida*
寄居蟹科 Paguridae	寄居蟹属 *Pagurus*	寄居蟹 *Pagurus* sp.
关公蟹科 Dorippidae	关公蟹属 *Dorippe*	日本关公蟹 *Dorippe japonica*
弓蟹科 Varunidae	倒颚蟹属 *Asthenognathus*	异足倒颚蟹 *Asthenognathus inaequipes*
瓷蟹科 Porcellanidae	细足蟹属 *Raphidopus*	绒毛细足蟹 *Raphidopus ciliatus*
活额寄居蟹科 Diogenidae	活额寄居蟹属 *Diogenes*	艾氏活额寄居蟹 *Diogenes edwardsii*

（续）

关公蟹科 Dorippidae	关公蟹属 *Dorippe*	颗粒关公蟹 *Dorippe granulata*
玉蟹科 Leucosiidae	五角蟹属 *Nursia*	斜方五角蟹 *Nursia rhomboidalis*
扇蟹科 Xanthidae	精武蟹属 *Parapanope*	贪精武蟹 *Parapanope euagora*
玉蟹科 Leucosiidae	拳蟹属 *Philyra*	尖齿拳蟹 *Philyra acutidens*
豆蟹科 Pinnotheribae	豆蟹属 *Pinnotheres*	海笋豆蟹 *Pinnotheres pholadis*
豆蟹科 Pinnotheribae	三强蟹属 *Tritodynamia*	蓝氏三强蟹 *Tritodynamia rathbunae*
长脚蟹科 Goneplacidae	盲蟹属 *Typhlocarcinus*	仿盲蟹 *Typhlocarcinops* sp.
长臂虾科 Palaemonidae	长臂虾属 *palaemon*	葛氏长臂虾 *Palaemon gravieri*
长臂虾科 Palaemonidae	长臂虾属 *palaemon*	巨指长臂虾 *Palaemon macrodactylus*
长臂虾科 Palaemonidae	白虾属 *Exopalaemon*	脊尾白虾 *Exopalamon carincauda*
藻虾科 Hippolytidae	七腕虾属 *Heptacarpus*	长足七腕虾 *Heptacarpus rectirostris*
藻虾科 Hippolytidae	鞭腕虾属 *Lysmata*	鞭腕虾 *Lysmata vittata*
藻虾科 Hippolytidae	安乐虾属 *Eualus*	中华安乐虾 *Eualus sinensis*
樱虾科 Sergestidae	毛虾属 *Acetes*	中国毛虾 *Acetes chinensis*
褐虾科 Crangonidae	褐虾属 *Crangon*	脊腹褐虾 *Crangon affinis*
鼓虾科 Alpheidae	鼓虾属 *Alpheus*	鲜明鼓虾 *Alpheus disinguendus*
鼓虾科 Alpheidae	鼓虾属 *Alpheus*	日本鼓虾 *Alpheus japonicus*
对虾科 Penaeidae	仿对虾属 *Parapenaeopsis*	细巧仿对虾 *Parapenaeopsis tenella*
对虾科 Penaeidae	赤虾属 *Metapenaeopsis*	戴氏赤虾 *Metapenaeopsis dalei*
对虾科 Penaeidae	对虾属 *Fenneropenaeus*	中国明对虾 *Fenneropenaeus chinensis*
玻璃虾科 Pasiphaeidea	细螯虾属 *Leptochela*	细螯虾 *Leptochela gracilis*
樱虾科 Sergestidae	毛虾属 *Acetes*	日本毛虾 *Acetes japonicus*
藻虾科 Hippolytidae	宽额虾属 *Latreutes*	海蜇虾 *Latreutes anoplonyx*
藻虾科 Hippolytidae	宽额虾属 *Latreutes*	疣背宽额虾 *Latreutes planirostris*
对虾科 Penaeidae	对虾属 *Fenneropenaeus*	凡纳滨对虾 *Litopenaeus vannamei*
长臂虾科 Palaemonidae	长臂虾属 *Palaemon*	锯齿长臂虾 *Palaemon serrifer*
对虾科 Penaeidae	鹰爪虾属 *Trachysalambria*	鹰爪虾 *Trachysalambria curvirostris*
蝼蛄虾科 Upogebiidae	奥蝼蛄虾属 *Austinogebia*	蝼蛄虾 *Upgoebia major*
口足目 Stomatopoda		
虾蛄科 Squiloidea	口虾蛄属 *Oratosquilla*	口虾蛄 *Oratosquilla oratoria*

（续）

软体动物门 Mollusca		
头足纲 Cephalopode		
枪形目 Teuthida		
枪乌贼科 Loliginidae	枪乌贼属 *Loligo*	枪乌贼 *Loligo* spp.
耳乌贼目 Sepiolida		
耳乌贼科 Sepiolidae	四盘耳乌贼属 *Euprymna*	四盘耳乌贼 *Euprymna morsei*
耳乌贼科 Sepiolidae	耳乌贼属 *Sepiola*	双喙耳乌贼 *Sepiola birostrata*
八腕目 Octopoda		
蛸科 Octopodidae	章鱼属 *Octopus*	短蛸 *Octopus ocellatus*
蛸科 Octopodidae	章鱼属 *Octopus*	长蛸 *Octopus variabilis*

附录三 胶州湾及其邻近海域主要鱼类生态类型

种类	栖息水层		适温类型		
	中上层	底层	暖水性	暖温性	冷温性
斑鰶 *Konosirus punctatus*	+			+	
赤鼻棱鳀 *Thryssa kammalensis*	+		+		
中颌棱鳀 *Thryssa mystax*	+		+		
星康吉鳗 *Conger myriaster*		+		+	
长蛇鲻 *Saurida elongate*		+		+	
日本海马 *Hippocampusjaponicus*		+		+	
尖海龙 *Syngnathus acus*		+		+	
玉筋鱼 *Ammodytes personatus*		+			+
多鳞鱚 *Sillago sihama*		+	+		
细条天竺鲷 *Apogon lineatus*		+	+		
皮氏叫姑鱼 *Johnius belangerii*		+	+		
小黄鱼 *Larimichthys polyactis*		+		+	
白姑鱼 *Pennahia argentata*		+	+		
短鳍䲗 *Repomucenus huguenini*		+		+	
绯䲗 *Callionymus beniteguri*		+		+	
钟馗虾虎鱼 *Tridentiger barbatus*		+		+	
普氏栉虾虎鱼 *Acentrogobius pflaumii*		+		+	
六丝钝尾虾虎鱼 *Amblychaeturichthys hexanema*		+		+	
矛尾虾虎鱼 *Chaeturichthys stigmatias*		+		+	
大银鱼 *Protosalanx hyalocranius*		+		+	
短吻红舌鳎 *Cynoglossus joyneri*		+		+	
钝吻黄盖鲽 *Pseudopleuronectes yokohamae*		+			+
褐菖鲉 *Sebastiscus marmoratus*		+		+	
褐牙鲆 *Paralichthys olivaceus*		+		+	
红狼牙虾虎鱼 *Odontamblyopus rubicundus*		+	+		

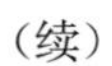

（续）

种　　类	栖息水层		适温类型		
	中上层	底层	暖水性	暖温性	冷温性
花鲈 *Lateolabrax japonicus*		+		+	
黄姑鱼 *Nibea albiflora*		+		+	
黄鳍刺虾虎鱼 *Acanthogobius flavimanus*		+		+	
孔鳐 *Raja porosa*				+	
李氏䲗 *Repomucenus richardsonii*		+		+	
裸项栉虾虎鱼 *Favonigobius gymnauchen*		+	+		
绵鳚 *Chirolophis japonicus*		+			+
少鳞鱚 *Sillago japonica*		+	+		
石鲽 *Kareius bicoloratus*		+			+
史氏鳐 *Raja smirnovi*		+		+	
鲛 *Chelon haematocheilus*		+		+	
鲐 *Scomber japonicus*	+		+		
细纹狮子鱼 *Liparis tanakae*		+			+
云鳚 *Pholis nebulosa*		+			+
窄体舌鳎 *Cynoglossus gracilis*		+			+
长绵鳚 *Zoarces elongatus*		+			+
长丝虾虎鱼 *Myersina filifer*		+	+		
纹缟虾虎鱼 *Tridentiger trigonocephalus*		+		+	
斑尾刺虾虎鱼 *Synechogobius ommaturus*		+	+		
小头栉孔虾虎鱼 *Paratrypauchen microcephalus*		+	+		
方氏云鳚 *Pholis fangi*		+			+
小带鱼 *Eupleurogrammus muticus*		+	+		
带鱼 *Trichiurus lepturus*		+	+		
银鲳 *Pampus argenteus*	+		+		
铠平鲉 *Sebastes hubbsi*		+		+	

（续）

种 类	栖息水层		适温类型		
	中上层	底层	暖水性	暖温性	冷温性
许氏平鲉 *Sebastes schlegeli*		+			+
鲬 *Platycephalus indicus*		+	+		
大泷六线鱼 *Hexagrammos otakii*		+			+
小眼绿鳍鱼 *Chelidonichthys kumu*		+	+		
长吻红舌鳎 *Cynoglossus lighti*		+		+	
角木叶鲽 *Pleuronichthys cornutus*		+		+	
黄鮟鱇 *Lophius litulon*		+		+	

参考文献

毕洪生，孙松，孙道元，2001. 胶州湾大型底栖生物群落的变化［J］. 海洋与湖沼，32（2）：32-138.

毕涛，鞠美庭，西伟力，等，2009. 港口环境风险管理探讨——以天津港为例［J］. 环境科学与管理，34（3）：173-176.

毕远溥，2005. 方氏云鳚渔业生物学及其在辽宁沿海的渔业［J］. 水产科学，24（9）：27-28.

蔡玉婷，2010. 福建近海叶绿素 a 和初级生产力的分布特征［J］. 农业环境科学学报，29（S1）：174-179.

曾慧慧，徐宾铎，薛莹，等，2012. 胶州湾浅水区鱼类种类组成及其季节变化［J］. 中国海洋大学学报（自然科学版），42（1-2）：67-74.

曾晓起，朴成华，姜伟，等，2004. 胶州湾及其邻近水域渔业生物多样性的调查研究［J］. 中国海洋大学学报（自然科学版），34（6）：977-982.

柴岫，李祯，1957. 胶来河流域的自然地理［J］. 东北师大学报（自然科学版）（4）：50-77.

陈碧鹃，陈聚法，袁有宪，等，2000. 胶州湾北部沿岸浮游植物生态特征的研究［J］. 海洋水产研究，21（2）：34-40.

陈大刚，1991. 黄渤海渔业生态学［M］. 北京：海洋出版社.

陈大刚，1997. 渔业资源生物学［M］. 北京：中国农业出版社.

陈丽梅，2007. 胶州湾移植底播菲律宾蛤仔滤水率及养殖容量的初步研究［D］. 青岛：中国海洋大学.

陈睿毅，2014. 人工增殖放流技术的探讨［J］. 河北渔业（5）：50-54.

陈晓娟，薛莹，徐宾铎，等，2010. 胶州湾中部海域秋、冬季大型无脊椎动物群落结构及多样性研究［J］. 中国海洋大学学报（自然科学版），40（3）：78-84.

陈晓娟，2010. 胶州湾中部海域无脊椎动物群落结构及多样性变化研究［D］. 青岛：中国海洋大学.

陈新军，2004. 渔业资源与渔场学［M］. 北京：海洋出版社.

陈兴华，2005. 我国海洋自然保护区制度探析［J］. 柳州师专学报，20（1）：79-82.

陈艳红，2010. 发展海洋文化的关键在于海洋意识教育［J］. 航海教育研究，27（4）：12-15.

楚泽涵，2007. 2008 年北京夏季奥运会期间自然灾害预测研究［M］. 北京：首都师范大学出版社.

邓景耀，赵传絪，唐启升，等，1991. 海洋渔业生物学［M］. 北京：农业出版社.

董玉明，1990. 青岛的旅游、疗养气候［C］//陈伟康，郭康，宏规荃主编. 区域旅游开发研究. 气象出版社，119-124.

段鹿杰，2010. 胶州湾湿地资源保护法律问题研究［D］. 青岛：山东科技大学.

范文锋，2007. 胶州湾及其邻近海域的浮游植物［D］. 青岛：中国科学院研究生院（海洋研究所）.

冈市友利，1972. 浅海的污染与赤潮的发生，内湾赤潮的发生机制［R］. 东京：日本水产资源保护协会：58-76.

高强，2004. 我国海洋经济可持续发展的对策研究［J］. 中国海洋大学学报（社会科学版）（3）：26-28.

高振会，马文斋，刘娜娜，等，2009. “环湾保护、拥湾发展”战略背景下的胶州湾及邻近海域生态环境问题研究 [J]. 海洋开发与管理，26 (10)：87 - 92.

巩瑶，陈洪涛，姚庆祯，等，2012. 中国东部边缘海冬季硅酸盐的分布特征及主要来源 [J]. 中国海洋大学学报（自然科学版），42 (10)：75 - 80.

顾红卫，2008. 青岛市海岸带环境管理模式研究 [D]. 青岛：中国海洋大学.

郭霖，崔明，谢宜欣，2012. 格宾石笼网护坡技术在洋河 204 国道综合治理工程的应用 [J]. 科学时代 (12)：1 - 3.

国务院法制办公室，2000. 中华人民共和国新法规汇编（1999 年第四辑）[M]. 北京：中国法制出版社.

韩东燕，麻秋云，薛莹，等，2016. 应用碳、氮稳定同位素技术分析胶州湾六丝钝尾虾虎鱼的摄食习性 [J]. 中国海洋大学学报（自然科学版），46 (3)：67 - 73.

何彦龙，黄华梅，陈洁，等，2016. 我国生态红线体系建设过程综述 [J]. 生态经济（中文版），32 (9)：135 - 139.

侯小刚，2010. “运粮河”与粮食安全 [J]. 粮食问题研究 (4)：49 - 51.

胡保胜，2008. 青岛渔业资源增殖放流规模再创新高 [N]. 中国渔业报，2008 年 7 月 28 日第 4 版.

黄凤鹏，黄景洲，杨玉玲，等，2007. 胶州湾鱼卵、仔鱼和稚鱼的分布 [J]. 海洋科学进展，25 (4)：468 - 473.

黄凤鹏，孙爱荣，王宗灵，等，2010. 胶州湾浮游动物的时空分布 [J]. 海洋科学进展，28 (3)：332 - 341.

黄晓璇，2010. 青岛近海方氏云鳚渔业生物学初步研究 [D]. 青岛：中国海洋大学.

贾晓平，2009. 增殖放流对生态环境的修复作用研究报告 [J]. 中国渔业报 (3)：2.

贾怡然，2006. 填海造地对胶州湾环境容量的影响研究 [D]. 青岛：中国海洋大学.

姜静，王栋，李汉清，2016. 青岛国家高新技术开发区协同发展研究 [J]. 管理观察 (13)：51 - 53.

姜浪波，2005. 浅析渔业资源增殖放流 [J]. 中国水产 (12)：73 - 79.

姜少慧，苟露峰，高强，2015. 沿海地区生态修复与渔业产业发展研究 [J]. 中国渔业经济 (4)：17 - 22.

姜志强，刘钢，金柏，2005. 盐度对美国红鱼幼鱼生长和摄食的影响 [J]. 大连水产学院学报，22 (2)：91 - 94.

姜志强，孟庆金，苗治欧，1997. 大连地区方氏云鳚繁殖生物学的研究 [J]. 大连水产学院学报，12 (3)：1 - 6.

胶州湾及邻近海岸带功能区划联席会议，1996. 胶州湾及邻近海岸带功能区划 [M]. 北京：海洋出版社.

焦念志，王荣，1993. 胶州湾浮游生物群落 NH_4 - N 的吸收与再生通量 [J]. 海洋与湖沼，24 (3)：217 - 225.

金显仕，赵宪勇，孟田湘，等，2005. 黄、渤海生物资源与栖息环境 [M]. 北京：科学出版社.

雷宁，胡小颖，周兴华，2013. 胶州湾围填海的演进过程及其生态环境影响分析 [J]. 海洋环境科学，32 (4)：506 - 509.

冷悦山，2008. 胶州湾海洋生态系统健康评价研究 [D]. 青岛：国家海洋局第一海洋研究所.

李纯厚，贾晓平，蔡文贵，2004. 南海北部浮游动物多样性研究 [J]. 中国水产科学，11 (2)：

139－146.
李广玉，鲁静，何拥军，2005. 胶州湾浮游植物多样性及其与环境因子的关系［J］. 海洋地质动态，21（4）：10－13.
李君丰，2010. 对虾增殖放流的问题与对策研究［J］. 河北渔业，11：55－57.
李磊，马振宇，王备，2015. 青岛市大沽河干流洪水资源特征分析［J］. 治淮（7）：10－11.
李梅生，崔旭 . 2012，海岸线保护与利用探析——以辽宁省大连市为例［J］. 中国土地（7）：33－35.
李乃胜，于洪军，赵松龄，等，2006. 胶州湾自然环境与地质演化［M］. 北京：海洋出版社 .
李善为，1983. 从胶州湾沉积特征看胶州湾的形成演变［J］. 海洋学报，5（3）：328－340.
李世岩，韩东燕，麻秋云，等，2014. 应用碳、氮稳定同位素技术分析胶州湾方氏云鳚的摄食习性［J］. 中国水产科学，21（6）：1220－1226.
李文抗，刘克奉，苗军，等，2009. 中国明对虾增殖放流技术及存在的问题［J］. 天津水产（2）：13－18.
李欣钰，康美华，侯鹏飞，等，2016. 2013 年胶州湾溶解营养盐时空分布特征［J］. 海洋环境科学，35（3）：334－352.
李新正，于海燕，王永强，等，2001. 胶州湾大型底栖动物的物种多样性现状［J］. 生物多样性，9（1）：80－84.
李艳，李瑞香，王宗灵，等，2005. 胶州湾浮游植物群落结构及其变化的初步研究［J］. 海洋科学进展，23（3）：328－334.
廖一波，曾江宁，陈全震，等，2007. 嵊泗海岛不同底质潮间带春秋季大型底栖动物的群落格局［J］. 动物学报，53（6）：1000－1010.
林岿璇，张志南，王睿照，2004. 东、黄海典型站位底栖动物粒径谱研究［J］. 生态学报，24（2）：241－245.
林祥练，2011. 平阳县海洋捕捞业的现状和研究［J］. 科技创新导报（1）：138－138.
刘东艳，孙军，陈洪涛，等，2003. 2001 年夏季胶州湾浮游植物群落结构的特征［J］. 青岛海洋大学学报（自然科学版），33（3）：366－374.
刘东艳，孙军，钱树本，2002. 胶州湾浮游植物研究Ⅱ环境因子对浮游植物群落结构变化的影响［J］. 青岛海洋大学学报（自然科学版），32（3）：415－421.
刘红艳，2009. 基于 3S 技术的青岛市水土流失重点防治区研究［D］. 济南：山东师范大学 .
刘晶，徐峰，2007. 青岛滨海生态湿地的调查与分析［J］. 山西建筑（1）：348－349.
刘晶，2006. 青岛市海滨景观改造问题的研究［D］. 北京：中国农业大学 .
刘琦，2014. 海洋强国背景下青岛市海洋强市战略研究［D］. 青岛：中国海洋大学 .
刘瑞玉，黄勃，徐凤山，李笑红，2001. 胶州湾大型无脊椎动物数量的多年变化与趋势预测［J］. 海洋与湖沼，32（3）：274－279.
刘瑞玉，1992. 胶州湾生态学和生物资源［M］. 北京：科学出版社 .
刘淑雅，刘春颖，延鹏，等，2013. 胶州湾及青岛近海海水 pH 值的分光光度法研究［J］. 海洋湖沼通报（3）：108－114.
刘学海，王宗灵，张明亮，等，2015. 基于生态模型估算胶州湾菲律宾蛤仔养殖容量［J］. 水产科学，34（12）：733－740.

刘永昌，高永福，邱盛尧，等，1994. 胶州湾中国明对虾增殖放流适宜量的研究．齐鲁渔业，11（2）：27－30.

柳枝，于定勇，王海斌，2005. 青岛市港群布局研究［J］. 海岸工程，24（3）：78－88.

卢秀容，2005. 中国海洋渔业资源可持续利用和有效管理研究［D］. 武汉：华中农业大学．

鲁泉，2008. 水域荒漠化治理和渔业可持续发展初步研究［D］. 青岛：中国海洋大学．

陆安，2005. 青岛市中小学海洋教育现状及发展对策［J］. 海洋开发与管理，22（3）：107－110.

罗刚，庄平，赵峰，等，2016. 我国水生生物增殖放流物种选择发展现状、存在问题及对策［J］. 海洋渔业，38（5）：551－560.

马妍妍，2006. 基于遥感的胶州湾湿地动态变化及质量评价［D］. 青岛：中国海洋大学．

梅春，徐宾铎，薛莹，等，2010. 胶州湾中部海域秋、冬季鱼类群落结构及其多样性研究［J］. 中国水产科学，17（1）：110－118.

梅春，2010. 胶州湾中部海域鱼类群落结构特征及多样性变化研究［D］. 青岛：中国海洋大学．

倪静洁，2015. 渔业资源增殖放流技术和管理现状研究进展［J］. 水力发电（5）：55－58.

牛青山，亓靓，2004. 青岛生态城市建设的重要基础工作讨论——青岛李村河污染现状调查和综合分析［C］//青岛市学术年会．

潘绪伟，2010. 增殖放流技术研究进展［J］. 江苏农业科学（4）：236－240.

逄志伟，徐宾铎，陈学刚，等，2013. 胶州湾中部海域虾类群落结构及其多样性［J］. 中国水产科学（2）：361－371.

逄志伟，徐宾铎，纪毓鹏，等，2014. 胶州湾中部海域蟹类群落结构及多样性的月变化及其影响因素［J］. 应用生态学报，25（2）：591－598.

朴成华，2005. 胶州湾及其邻近水域的地理学特征与渔业生物多样性的调查研究［D］. 青岛：中国海洋大学．

齐衍萍，杨晓飞，宋文鹏，等，2015. 胶州湾海域生态问题及解决对策［J］. 广西科学院学报（2）：94－96.

钱树本，王筱庆，陈国蔚，1983. 胶州湾的浮游藻类［J］. 山东海洋学院学报，13（1）：39－56.

乔凤勤，2012. 山东半岛南部中国明对虾增殖放流效果评价［D］. 烟台：烟台大学．

乔俊果，2007. 我国海洋捕捞渔民转产转业的经济学分析［C］. 中国海洋学会 2007 年学术年会论文集（上册）：8－10.

全国人民代表大会常务委员会，1983. 中华人民共和国海洋环境保护法［M］. 北京：海洋出版社．

任一平，徐宾铎，杨鸣等，2007. 胶州湾移植底播菲律宾蛤仔渔业生物学特性与养护对策研究［J］. 齐鲁渔业，24（4）：46－48.

任一平，李庆怀，2002. 青岛近海小型鳀鲱鱼类渔业生物学特性的研究［J］. 海洋湖沼通报（1）：69－74.

任一平，孙蜀东，曾晓起，等，2004. 胶州湾南美白对虾移植放流的初步研究［J］. 中国海洋大学学报（自然科学版），34（6）：973－976.

尚杰，2005. 青岛海岸带规划与城市发展［D］. 青岛：中国海洋大学．

沈新强，2007. 长江口、杭州湾海域渔业资源增殖放流与效果评估［J］. 渔业现代化，34（4）：54－57.

沈志良，1999. 渤海湾及其东部水域的水化学要素 [J]. 海洋科学集刊，41：51-59.

沈志良，2002. 胶州湾营养盐结构的长期变化及其对生态环境的影响 [J]. 海洋与湖沼，33 (3)：322-331.

施炜纲，2009. 长江中下游流域放流物种选择与生态适应性研究 [J]. 中国渔业经济 (3)：45-52.

史经昊，2010. 胶州湾演变对人类活动的响应 [D]. 青岛：中国海洋大学.

史为良，1996. 内陆水域鱼类增殖与养殖学 [M]. 北京：中国农业出版社.

宋国栋，2008. 东海溶解氧气候态分布及海洋学应用研究 [D]. 青岛：中国海洋大学.

宋召军，张琳，黄海军，严立文，2008. 青岛市近岸海域污染现状分析 [J]. 科技资讯 (8)：252.

苏锦祥，1995. 鱼类学与海水鱼类养殖 [M]. 2 版. 北京：中国农业出版社.

隋吉星，于子山，曲方圆，刘卫霞，2010. 胶州湾中部海域大型底栖生物生态学初步研究 [J]. 海洋科学，34 (5)：1-6.

孙道元，张宝琳，吴耀泉，1996. 胶州湾底栖生物动态的研究 [J]. 海洋科学集刊 (37)：103-111.

孙磊，2008. 胶州湾海岸带生态系统健康评价与预测研究 [D]. 青岛：中国海洋大学.

孙松，李超伦，张光涛，等，2011. 胶州湾浮游动物群落长期变化 [J]. 海洋与湖沼，42 (5)：625-631.

孙松，孙晓霞，张光涛，等，2011. 胶州湾气象水文要素的长期变化 [J]. 海洋与湖沼，42 (5)：632-638.

孙松，张永山，吴玉霖，等，2005. 胶州湾初级生产力周年变化 [J]. 海洋与湖沼，36 (6)：481-486.

孙松，周克，杨波，等，2008. 胶州湾浮游动物生态学研究I. 种类组成 [J]. 海洋与湖沼，39 (1)：1-7.

孙晓霞，孙松，吴玉霖，等，2011. 胶州湾网采浮游植物群落结构的长期变化 [J]. 海洋与湖沼，42 (5)：639-646.

孙晓霞，孙松，张永山，等，2011. 胶州湾叶绿素 a 及初级生产力的长期变化 [J]. 海洋与湖沼，42 (5)：654-661.

孙晓霞，孙松，赵增霞，等，2011. 胶州湾营养盐浓度与结构的长期变化 [J]. 海洋与湖沼，42 (5)：662-669.

孙耀，陈聚法，张友篪，1993. 胶州湾海域营养状况的化学指标分析 [J]. 海洋环境科学 (z1)：25-31.

唐启升，叶懋中，1990. 山东近海渔业资源开发与保护 [M]. 北京：农业出版社.

田胜艳，张文亮，于子山，等，2010. 胶州湾大型底栖动物的丰度、生物量和生产量研究 [J]. 海洋科学，34 (6)：81-87.

涂忠，罗刚，杨文波，2016. 我国开展水生生物增殖放流工作的回顾与思考 [J]. 中国水产 (11)：36-41.

王宝斋，陆忠洋，张磊，等，2016. 山东青岛胶州湾湿地现状、问题及保护对策 [J]. 湿地科学与管理，12 (2)：24-26.

王洪法，李新正，王金宝，2011. 2000—2009 年胶州湾大型底栖动物的种类组成及变化 [J]. 海洋与湖沼，42 (5)：738-752.

王金宝，李新正，王洪法，2006. 胶州湾多毛类环节动物优势种的生态特点 [J]. 动物学报，52：63-69.

王凯，章守宇，汪振华，等，2012. 马鞍列岛海域皮氏叫姑鱼渔业生物学初步研究［J］. 水产学报，36（2）：228－237.

王荣，焦念志，李超伦，等，1995. 胶州湾的初级生产力和新生产力［J］. 海洋科学集刊，36：181－194.

王淑英，2004. 胶州湾周边地下水及营养盐向海湾的输送［D］. 青岛：中国海洋大学.

王伟，张世奇，纪友亮，2006. 环胶州湾海岸线演化与控制因素［J］. 海洋地质前沿，22（9）：7－10.

王伟，2013. 强降雨对胶州湾生源要素的补充作用及浮游植物丰度和种群结构的影响［D］. 青岛：中国海洋大学.

王文海，夏东兴，高兴辰，1993. 中国海湾志・第四分册　山东半岛南部和江苏省海湾［M］. 北京：海洋出版社.

王夕源，2013. 山东半岛蓝色经济区海洋生态渔业发展策略研究［D］. 青岛：中国海洋大学.

王学端，纪木尚，2002. 胶州湾滩涂贝类养殖业存在的问题及对策探讨［J］. 渔业现代化（4）：27－28.

王雪辉，杜飞雁，邱永松，等，2010. 1980—2007 年大亚湾鱼类物种多样性、区系特征和数量变化［J］. 应用生态学报，2（9）：2403－2410.

王艳玲，崔文连，刘峰，等，2007. 青岛市大沽河河口区生态环境现状研究［J］. 中国环境监测，23（3）：77－81.

吴鹤洲，阮洪超，王新成，等，1987. 胶州湾牙鲆资源增殖的生态学基础及种苗放流实验研究［J］. 海洋科学，11（6）：52－53.

吴耀泉，柴温明，1993. 胶州湾水产经济动物资源及其利用［J］. 海洋科学，17（5）：21－23.

吴耀泉，潘辉明，1992. 胶州湾菲律宾蛤仔资源及捕捞前景. 中国水产（3）：34－35.

吴耀泉，1999. 胶州湾沿岸带开发对生物资源的影响［J］. 海洋环境科学，18（2）：38－42.

吴玉霖，孙松，张永山，等，2004. 胶州湾浮游植物数量长期动态变化的研究［J］. 海洋与湖沼，35（6）：518－523.

吴玉霖，孙松，张永山，2005. 环境长期变化对胶州湾浮游植物群落结构的影响［J］. 海洋与湖沼，36（6）：487－498.

徐宾铎，曾慧慧，薛莹，等，2013. 胶州湾近岸浅水区鱼类群落结构及多样性［J］. 生态学报，33（10）：3074－3082.

徐宾铎，任一平，陈聚法，等，2015. 胶州湾湿地生态系统功能保护与生态修复研究［M］. 青岛：中国海洋大学出版社.

徐宾铎，张帆，梅春，等，2010. 胶州湾中部海域春、夏季鱼类群落结构特征［J］. 应用生态学报，21（6）：1558－1564.

徐祥民，2012. 海洋环境保护和海洋利用应当贯彻的六项原则——人类海洋环境利益的视角［J］. 中国地质大学学报（社会科学版），12（2）：18－22.

薛莹，金显仕，张波，等，2005. 南黄海三种石首鱼类的食性［J］. 水产学报，29（2）：178－187.

闫菊，2003. 胶州湾海域海岸带综合管理研究［D］. 青岛：中国海洋大学.

杨纪明，2001. 渤海鱼类的食性和营养级研究［J］. 现代渔业信息，16（10）：10－19.

杨来青，2011. 胶澳志［M］. 青岛：青岛出版社.

杨丽娜，李正炎，张学庆，2011. 大辽河近入海河段水体溶解氧分布特征及低氧成因的初步分析［J］. 环境科学，32（1）：51－57.

杨梅，李新正，徐勇，等，2016. 胶州湾潮下带大型底栖动物群落的季节变化［J］. 生物多样性，24（7）：820－830.

杨世民，王丽莎，石晓勇，2014. 2009年春季胶州湾浮游植物群落结构特征［J］. 海洋与湖沼，45（6）：1234－1240.

杨文波，李慧琴，张忠，等，2010. 渤海中国明对虾、三疣梭子蟹、海蜇放流状况与效果［C］. 水产科技论坛：渔业环境评价与生态修复：283－298.

杨晓瑱，2010. 环胶州湾地区海水入侵灾害评价与预测［D］. 青岛：青岛大学.

杨宇峰，王庆，陈菊芳，等，2006. 河口浮游动物生态学研究进展［J］. 生态学报，26（2）：576－585.

叶玉玲，2006. 胶州湾周边地下水水文地球化学特征及营养盐输送［D］. 青岛：中国海洋大学.

于海燕，李新正，李宝泉，等，2006. 胶州湾大型底栖动物生物多样性现状［J］. 生态学报，26（2）：416－423.

袁伟，张志南，于子山，等，2006. 胶州湾西北部海域大型底栖动物群落研究［J］. 中国海洋大学学报（自然科学版），36（z1）：91－97.

臧维玲，戴习林，姚庆祯，等，2003. 底质对日本对虾幼虾生长的影响［J］. 上海水产大学学报，12（1）：72－75.

翟璐，韩东燕，傅道军，等，2014. 胶州湾及其邻近海域鱼类群落结构及与环境因子的关系［J］. 中国水产科学，21（4）：810－821.

张崇良，任一平，薛莹，等，2010. 胶州湾西北部潮间带冬季大型底栖动物丰度和生物量［J］. 中国水产科学，17（3）：551－560.

张芳，杨波，张光涛，2005. 胶州湾水母类生态研究Ⅱ. 优势种丰度的时空分布［J］. 海洋与湖沼，36（6）：518－526.

张拂坤，2007. 胶州湾入海污染物容量研究［D］. 青岛：中国海洋大学.

张俊，佘宗莲，王成见等，2003. 大沽河干流青岛段水环境容量研究［J］. 中国海洋大学学报（自然科学版）自然科学版，33（5）：665－670.

张珞平，洪华生，陈伟琪，等，2004. 海岸带战略环境评价研究［J］. 中国科学基金，18（2）：81－86.

张珞平，洪华生，陈伟琪，等，William C. Hart，2004. 海洋环境安全：一种可持续发展的观点［J］. 厦门大学学报（自然科学版）（8）：254－256.

张顺香，2013. 青岛市胶州湾滩涂管理问题与对策研究［D］. 青岛：中国海洋大学.

张秀梅，2009. 山东省渔业资源增殖放流现状与展望［J］. 中国渔业经济，27（2）：51－58.

张学庆，2006. 近岸海域环境数学模型研究及其在胶州湾的应用［D］. 青岛：中国海洋大学.

张哲，王江涛，2009. 胶州湾营养盐研究概述［J］. 海洋科学，33（11）：90－94.

张志恒，2009. 胶州湾海岸带利用现状与评价［D］. 青岛：中国海洋大学.

赵丽霞，2013. 胶州湾滨海湿地生态系统服务功能研究及评价［D］. 青岛：青岛大学.

赵淑江，2002. 胶州湾生态系统主要生态因子的长期变化［D］. 青岛：中国科学院研究生院（海洋研究所）.

郑苗壮，刘岩，2016. 关于建立海洋生态文明制度体系的若干思考［J］. 环境与可持续发展，41（5）：

76－80.

郑珊，孙晓霞，赵永芳，等，2014. 2010年胶州湾网采浮游植物种类组成与数量的周年变化［J］. 海洋科学，38（11）：1－6.

中国海湾志编纂委员会，1992. 中国海湾志［M］. 北京：海洋出版社.

中国水产学会海洋渔业资源专业委员会，1994. 近海渔业资源放流增殖与移植［J］. 现代渔业信息，9（1）：20－21.

钟美明，2010. 胶州湾海域生态系统健康评估［D］. 青岛：中国海洋大学.

周平，蒙吉军，2009. 区域生态风险管理研究进展［J］. 生态学报，29（4）：2097－2106.

周永东，徐汉祥，戴小杰，等，2008. 几种标识方法在渔业资源增殖放流中应用效果［J］. 福建水产（1）：6－12.

朱爱美，叶思源，卢文喜，2006. 胶州湾海域大型底栖生物的调查与研究［J］. 海洋地质动态，22：24－27.

朱兰部，翁学传，秦朝阳，1991. 胶州湾海水温、盐度的变化特征［J］. 海洋科学，15（2）：52－55.

朱龙，隋风美，1999. 许氏平鲉的生物学特征及其人工养殖［J］. 渔业信息与战略（4）：21－25.

邹景忠，董丽萍，秦保平，1983. 渤海湾富营养化和赤潮问题的初步探讨［J］. 海洋环境科学，2（2）：41－54.

Compton J，Mallinson D，Glenn C R，et al，2000. Variations in the global phosphorus cycle［M］// Marine Authigenesis：From Global to Microbial，SEPM special publication NO. 66：21－33.

De S P，Crab R，Defoirdt T，et al，2008. The basics of bio-flocs technology：The added value for aquaculture［J］. Aquaculture，277（3）：125－137.

Dortch Q，Whitledge T E，1992. Does nitrogen or silicon limit phytoplankton production in the Mississippi River plume and nearby regions［J］. Continental Shelf Research，12（11）：1293－1309.

Garcia H E，Boyer T P，Levitus S，et al，2005. On the variability of dissolved oxygen and apparent oxygen utilization content for the upper world ocean：1955 to 1998［J］. Geophysical Research Letters，32（9）：472.

Grimes C B，1998. Marine stock enhancement：sound management or techno-arrogance［J］. Fisheries，23：18－23.

Joos F，Plattner G K，Stocker T F，et al，2013. Trends in marine dissolved oxygen：Implications for ocean circulation changes and the carbon budget［J］. Eos Transactions American Geophysical Union，84（21）：197－201.

Ludwig J A，Reynolds J F，1988. Statistical Ecology：A Primer in Methods and Computing［M］. New York：John Wiley & Sons.

Mckinnell S M，Lundqvist H，2000. Unstable release strategies in reared Atlantic salmon，*Salmo salar L*［J］. Fisheries Management & Ecology，7（3）：211－224.

Molony B W，Lenanton R，Jackson G，et al，2005. Stock enhancement as a fisheries management tool［J］. Reviews in Fish Biology and Fisheries，13（4）：409－432.

Mustafayev N J，Mekhtiev A A，2008. Changes of the serotoner-gic system activity in fish tissues during an increase of water salinity［J］. Journal of Evolutionary Biochemistry and Physiology，44：69－73.

Paytan A K, McLaughlin, 2007. The oceanic phosphorus cycle [J]. Chemical Reviews, 107 (2): 563-576.

Pianka E R, 1971. Lizard species density in the Kalahari Desert [J]. Ecology, 52 (6): 1024-1029.

Quinn N W, Chen C W, Chen C W, et al, 2005. Elements of a decision support system for real-time management of dissolved oxygen in the San Joaquin River Deep Water Ship Channel [J]. Environmental Modelling & Software, 20 (12): 1495-1504.

Treguer P, Nelson D M, Van Bennekom A J, et al, 1995. The silica balance in the world ocean: a reestimate [J]. Science, 268 (5209): 375.

Vos G S J, Schenk H, Scheele, 2011. The phosphate balance current developments and future outlook. Report Number 10.2.232E (ISBN: 978-90-5059-414-1), Utrecht, the Netherlands, 1-69.

Wilhm J L, 1968. Use of biomass units in Shannon formula [J]. Ecology, 49: 153-156.

作者简介

任一平　男，1964 年 4 月生，博士，中国海洋大学教授，博士研究生导师。现任中国海洋大学海洋渔业系主任、“渔业生态系统监测与评估”学术方向负责人。主要从事渔业资源与生态学、渔业资源调查与评估等领域的研究工作。5 年来，主持或参加国家科技重大专项、海洋公益性行业科研专项经费项目、公益性行业（农业）科研专项经费项目、中央高校基本科研业务费项目等 10 余项；参编专著 2 部；在本领域国内外期刊发表学术论文 90 余篇，其中 SCI 收录论文 30 余篇。